河南省重大科技专项（221100110500）　河南省重点研发专项（231111220700）

数字图像视觉显著性
检测、修复与目标识别技术

徐 涛———— 著

Digital Image Visual Saliency Detection,
Restoration and
Target Recognition Technology

化学工业出版社

·北京·

内容简介

本书以提高智能无人系统的环境感知和识别能力为主线，系统展示基于视觉注意机制的服务机器人深度感知方法研究、基于深度学习框架的水下遮挡图像识别方法研究、面向畜类肉品骨骼在线定位的轻量化显著性检测网络构建等典型应用案例。本书充分介绍了视觉显著性检测、视觉注意机制、图像修复、目标检测与识别的发展现状，构建了基于脉冲耦合神经网络和基于元胞自动机多尺度优化的改进显著性区域提取算法，提出了基于两阶段引导的协同显著性检测方法，同时基于深度学习框架搭建多个遮挡图像重构和目标识别方法，并在软件仿真、真实环境等多实验场景中验证了算法的有效性。

本书适合从事智能机器人开发和研制的科研人员、智能制造行业及智能城市建设管理人员阅读，也可作为高等院校人工智能、机器人工程、农业工程等专业教师、学生的参考书。

图书在版编目（CIP）数据

数字图像视觉显著性检测、修复与目标识别技术/
徐涛著.—北京：化学工业出版社，2023.10
　　ISBN 978-7-122-43890-4

　　Ⅰ.①数…　Ⅱ.①徐…　Ⅲ.①数字图像处理
Ⅳ.①TN911.73

中国国家版本馆 CIP 数据核字（2023）第 137318 号

责任编辑：王　烨　　　　　　　　　　　文字编辑：郑云海　温潇潇
责任校对：刘曦阳　　　　　　　　　　　装帧设计：刘丽华

出版发行：化学工业出版社（北京市东城区青年湖南街 13 号　邮政编码 100011）
印　　装：北京科印技术咨询服务有限公司数码印刷分部
710mm×1000mm　1/16　印张 11¾　字数 193 千字　2024 年 1 月北京第 1 版第 1 次印刷

购书咨询：010-64518888　　　　　　　　售后服务：010-64518899
网　　址：http://www.cip.com.cn
凡购买本书，如有缺损质量问题，本社销售中心负责调换。

定　　价：88.00 元　　　　　　　　　　　　　版权所有　违者必究

人类视觉感知系统是人类感知周围环境的重要途径，80%的外界信息都是通过视觉获取。视觉感知具备获取信息直观、颜色丰富、层次分明、十分有利于观察者对场景的理解和分析等特点。因此，越来越多的学者将"视觉"环境感知系统引入到计算机视觉领域以处理图像问题。计算机视觉模拟人类视觉感知系统的视觉功能，利用视觉传感器获取物体图像，再通过视觉算法处理、分析图像信息，获取目标信息并识别目标。

以模拟人类视觉注意机制为切入点的图像处理技术日益成熟，且逐步向遥感、水下、深空等多任务领域辐射。智能机器人感知外部世界的途径与人类似，因此急需深入挖掘视觉注意机制在智能机器人视觉感知领域应用的深度和广度。通过对国内外相关领域研究现状的分析可以发现，视觉技术本身还有很多重要的技术难点有待突破，在将视觉技术应用于不同智能机器人载体的具体任务对象时，缺乏针对性更强的应用方案。急需解决的相关技术难题包括：在显著性计算模型构建过程中，如何克服由人类主观设计意识带来的伪模拟人类视觉注意机制问题，使算法模型能更好地应对弱对比度背景、显著性目标离散分布、强纹理干扰等挑战；在协同显著性算法研究过程中，如何权衡图像间协同解算模型与图像内显著性区域分布之间的依存和制约关系；在以环境感知为基础的智能机器人具体任务执行过程中，如何充分利用视觉显著性检测技术，实现对核心技术难点的突破，以加快具有高度智能的机器人走进普通家庭的步伐；在图像修复领域，如何使背景复杂的水下残缺图像"无中生有"；基于深度学习的目标识别模型在处理水下复杂场景识别问题上具有明显优势，但尚缺乏针对水下遮挡物存在情况的精确识别技术研究。

本书基于作者多年的视觉技术研究成果，系统展示了基于视觉注意机制的服务机器人深度感知方法研究、基于深度学习框架的水下遮挡图像识别方法研究、面向畜类肉品骨骼在线定位的轻量化显著性检测网络构建等典型应用案例。构建基于脉冲耦合神经网络的显著性区域提取算法、基于元胞自动机多尺度优化的改进显著性区域提取算法和基于两阶段引导的协同显著性检测方法以提高智能无人系统环境感知能力和显著区域提取能力，提出基于场内外特征融合的水下残缺图像修复方法、基于环境特征融合水下目标精细重构方法、基于显著环境特征融合的水下遮挡目标识别方法、基于两阶段图像重构策略的水下遮挡目标识别方法，以提高智能无人系统环境自适应和目标识别能力。

本书从六大技术方面详细剖析和介绍笔者在数字图像视觉显著性检测、修复与目标识别领域的最新研究成果，并以实际场景下的不同应用平台为基础，开展了大量应用性实验，对实验数据做了详细的整理，以完善的应用案例形式展示给读者。本书研究内容对促进我国机器人智能化感知与决策技术的发展，以及对形成我国走向深蓝的海洋发展战略解决方案具有积极的推动作用和极高的参考价值，相关技术具有重要理论意义和广阔的市场应用需求。

本书由河南科技学院徐涛副教授著。在出版过程中得到河南省重大科技专项（221100110500）、河南省重点研发专项（231111220700）资助，同时得到河南科技学院人工智能学院蔡磊教授的大力帮助和支持，周纪勇、赵未硕和段子洋三位研究生协助完成了部分资料整理工作，在此一并表示衷心的感谢。

人工智能及其相关技术研究发展迅速，与各行业的交叉融合前景广阔，限于作者的专业水平，书中疏漏之处在所难免，恳请各位读者批评指正。

著者
2023 年 8 月于河南省新乡市

第一章
绪论

第二章
基于 PCNN 的显著性区域混合估计模型研究

第三章
基于多尺度优化的显著性目标细微区域检测方法研究

第四章
基于引导传播和流形排序的协同显著性检测方法研究

第五章
场内外特征融合的水下残缺图像精细修复

第六章
基于显著环境特征融合的水下遮挡目标精细重构

第七章
水下遮挡目标的识别

第八章
应用案例

参考文献

第一章

绪论

第一节
计算机视觉技术

　　人类视觉感知系统是人类感知周围环境的重要途径，视觉感知具备所获取的信息直观、颜色丰富、层次分明、十分有利于观察者对场景的理解和分析等特点。人类通过视觉可以获取外界超过 80% 的信息。在复杂的外部场景中，人类视觉感知系统能够忽略干扰信息，快速地优先感知并处理重要的区域。因此，越来越多的学者将"视觉"环境感知系统引入到计算机视觉领域以处理图像问题[1]。

　　视觉图像是人类交换和获取信息的重要载体，因此，图像处理技术受到广泛的关注。随着计算机技术的发展，图像处理也有了丰富的内涵，计算机模拟人类视觉感知系统的视觉功能，即利用视觉传感器获取物体图像，再通过计算机分析处理等机器过程代替人观察并分析的功能，可以对目标进行测量、跟踪、识别、判断。计算机视觉主要包括显著性检测、图像识别与分类、图像重构、图像修复、目标检测与识别、图像分割、目标跟踪等。目前，计算机视觉主要应用于工业自动控制、瑕疵检测、医疗自动化操作以及各种高危情况下的工作[2,3]。

　　近年来视觉识别竞赛备受科研工作者的关注，各个科研团队都积极地将自己最新的科研成果拿来比赛，从而间接检验自己在计算机视觉领域的理论和实践实力。这些视觉识别竞赛主要包括 ImageNet 大规模视觉识别竞赛、Kaggle 大规模视觉识别竞赛、AI Challenger 全球 AI 挑战赛、DataFountain 竞赛平台等。其中 ImageNet 大规模视觉识别竞赛得到了学术界和工业界科研工作者的一致认可。在早期的比赛中，主流的算法还是基于传统的计算机视觉技术，比如 SIFT 和 HOG 等。直到 2012 年，基于深度学习的算法 AlexNet 网络以15.315% 的错误率获得了该次比赛冠军，与传统算法相比提高了 11 个百分点。此后，基于深度学习的算法接踵而至，例如 VGGNet、GoogLeNet、ResNet、Inception V4 等。基于深度学习的图像分类模型的错误率越来越低，且已呈现出高于人类区分能力的趋势。计算机视觉领域技术水平飞速提升，迅速被应用于各行各业中。人们也感受到了人工智能带给我们的便捷和对我们生活方式的改变[4]。基于深度学习的计算机视觉技术被广泛应用于诸多领域，譬如卫星图像处理、医学图像处理、军事公安、面孔识别、视频和多媒体系统图像处理等等[5,6]。

伴随人工智能技术的飞速发展，和人类对高新科技设备的需求日益增加，具备视觉技术的智能机器人逐渐融入人们的生活，如清洁吸尘机器人、娱乐教育机器人、定点送餐机器人、农业生长监测机器人、果树采摘机器人、救援排爆机器人、水下特种机器人等。本书以服务机器人为例，介绍计算机视觉技术在机器人上的应用。

1968 年，美国斯坦福研究所的 Nils Nilssen 和 Charles Rosen 等人公布了世界上第一台名为 Shakey 的智能机器人，该机器人装备了视觉传感器，具有测距和碰撞检测等功能，能够根据人的指令发现并抓取积木，具备了一定的人工智能。

近几年，伴随人工智能技术的飞速发展，为满足更加多样的任务需求，以搭载灵活机械臂为代表的服务机器人成为了新的研究热点。美国卡内基梅隆大学与 Intel 公司于 2010 年和 2012 年先后开发了两代 HERB（home exploring robotic butler）机器人，如图 1-1 所示。

(a) HERB1.0　　　　　　　　(b) HERB2.0

图 1-1　HERB 机器人

HERB1.0 在搭载视觉传感器的移动底座上配备了一个 7 自由度机械臂和 3 指机械手。HERB2.0 在视觉传感器方面增加了一个 RGB-D 传感器，同时为扩大机器人工作空间，增加了一条 7 自由度机械臂，构成了双臂机器人系统。基于 HERB 机器人平台，研究者在物体识别与定位、机械臂运动规划、抓取位姿生成、环境建模等方面取得了众多研究成果[7,8]。

Cosero（cognitive service robot）是德国波恩大学研发的轻量化双臂机器

人，如图 1-2 所示。该机器人在八轮移动平台上搭载了 2 条 7 自由度机械臂，末端是 2 个两指夹钳，颈部设计有一定的俯仰自由度，腰部采用升降结构，使其具备垂直变形能力。同时配备了用于环境感知的立体视觉和激光传感器，头部安装了一个用于语音识别的麦克风。Cosero 在 2011 年 RoboCup@Home 竞赛中获得冠军，其通过视觉算法拟合空间平面，分割出放置在水平桌面的待抓取物体[9-12]，但当物体间存在遮挡情况时，会造成抓取失败。

图 1-2　Cosero 机器人

微软公司于 2010 年 11 月推出第一代体感传感器 Kinect 后，该传感器因为能够同时获取环境彩色图像和深度图的显著特点以及经济的价格，迅速引起了研究人员的关注，出现了大量将其作为机器人环境感知传感器的研究成果。Yue 等[13] 利用单个 Kinect 传感器实现了在复杂环境下对场景物体的三维建模，通过定义最感兴趣区域（region of interest，ROI）对全局场景进行了约束；文献［14］利用 Kinect 的深度信息针对室内环境下的移动机器人避障问题进行了研究，通过对深度图像预处理和建立背景模型，实现了对障碍物轮廓的提取，但该方法缺乏对环境颜色、纹理信息的感知；Madokoro 等[15] 基于 Kinect 信息实现对障碍物的回避，进而设计了一种针对全方位移动轮椅式服务机器人的自动行驶系统；Yang 等[16] 基于 Kinect 获取的图像，采用局部朴素贝叶斯最近邻算法实现对待抓取物体由粗到精的检测与识别，该方法在执行抓取任务时，必须与模型库的物体进行匹配，不能响应模型库以外物体的抓取任务；文献［17］和文献［18］提出了基于深度学习的机器人目标检测与抓取方法；Liu 等[19] 将触觉传感器信息与 Kinect 视觉数据进行了融合，利用稀疏编码实现了对空间物体的感知。

第二节
视觉注意机制研究现状

　　视觉注意机制是从神经生物学和心理学相关研究发展而来的新兴交叉研究领域。神经生物学家[20,21]将灵长类动物面临复杂场景时能从海量信息中快速找到并优先处理自我感兴趣区域的能力定义为视觉选择性注意机制（visual selective attention mechanism），心理认知学家Triesman[22]根据信息处理出发点不同将视觉注意分为自底向上（bottom-up）和自顶向下（top-down）两种模式。当前基于视觉注意机制的研究已经涉及机器视觉、模式识别、图像处理、人工智能等多个学科，尤其在计算机视觉研究领域，大量研究工作者为了获得更符合主观感知的图像分析结果，不断探索应用视觉生物学和认知科学的研究成果建立基于视觉注意机制的显著性计算模型的方法，以降低图像分析的复杂度，满足实时工作系统构建的需求。

　　显著性算法早期的研究工作大多以单幅图像作为处理对象。如图1-3所示，人们在看到图1-3(a)中的场景时，会自然关注并执行标识牌中"STOP"命令，很少会有人忽略标识牌而去关注"天空"。"STOP"标识牌和"天空"就对应了图像处理领域的显著性目标和背景，显著性算法就是要去除图像冗余的背景信息，检测出符合人类视觉的显著性目标，其计算真值如图1-3(b)所示。可见，经显著性算法抽象后保留了图像中最重要的信息，能够有效降低后续各类图像处理任务的计算复杂度，提高计算效率。

(a)　　　　　　　　　　　　　(b)

图1-3　显著性算法示意图

在大数据和互联网广泛使用的时代背景下，越来越多的视觉处理任务不再

仅仅局限于单幅图像，这就带来了针对群组图像的显著性检测问题。如图 1-4
第一行中穿白色队服的棒球选手，仅考虑单幅图像显著性的 CAMO 算法[23]
检测结果如图 1-4 第二行所示，可见，虽然人眼很容易注意和区分出穿白色队
服的棒球选手，但单幅图像显著性算法因为未考虑图像间显著性关系，在应对
极为复杂的背景（第五列图像中的看台区域）、多目标（第二、三列图像）、非
协同显著性目标（第四列图像中的黑色队服选手）等干扰影响时，不能很好地
实现对协同显著性区域的检测。研究者提出并利用协同显著性检测技术来应对
上述各类挑战。协同显著性检测的目标是模拟人类视觉注意机制，检测出一组
图像中具有共同显著性的物体，抑制不重要的背景信息，其计算真值如图 1-4
第三行所示。为便于表述，本书后续所提显著性算法即指代面向单幅图像的显
著性检测问题，协同显著性算法即指代面向群组图像的协同显著性检测问题。

图 1-4　协同显著性算法示意图

一、 元胞自动机的基本结构

显著性算法的成熟研究始于 1998 年 Itti 等[24] 的工作，该工作在神经生
物学模型的基础上，提出了在多尺度空间分别提取颜色、亮度、方向三种特
征，通过中心先验约束对特征进行融合的显著性计算模型。对计算得到的显著
性值，在其局部采用顶端辐射的赋值原则，将最显著的区域最高亮显示。该工
作首次从理论到实践层面验证了模拟生物视觉构建显著性计算模型的可行性，
激起了大量相关学者的研究热情，后续研究工作从最初对 Itti 模型的改进，逐

渐发展到在创新思路下建立全新算法模型,且不断追求更高的检测准确性、更快的执行效率和更有效的普遍适用性。直到今天仍有很多优秀的显著性算法不断涌现。

显著性算法计算模型依据不同检测目标,可分为眼动检测(eye fixation prediction)和显著性目标检测(salient object detection)两大类。前者通过研究眼动分析仪采集到的人眼习惯性关注区域数据,建立计算模型以模拟人眼的关注行为,该类模型通常不会标明目标物体的明确界限。而后者是从实际需求出发、由前者发展而来的,主要目的在于提取出人眼感兴趣的完整区域,使其与背景区域有明显的区分界限。目前,学者们从应用角度出发,更倾向于对构建显著性目标检测模型进行研究,但从最终生成显著性图的角度出发,不需要刻意划清两者的研究界限,可以在统一的评价标准下对算法本身做整体评测。

从对图像数据分析处理的方式来看,现有视觉注意机制研究体系的构成如图 1-5 所示,顶层由计算模型构建(computational modeling)、心理物理学(psychophysics)和神经生理学(neurophysiology)三个学科的研究构成[25, 26]。其中计算模型构建是计算机和机器视觉工作者的重点研究方向,下面将分别就自底向上和自顶向下两种数据处理模型,对现有计算模型做详细介绍。

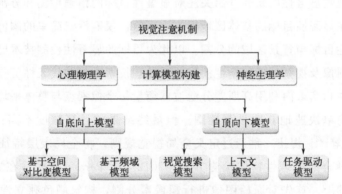

图 1-5　视觉注意机制研究体系图

1. 自底向上模型

自底向上模型符合人眼先天对所见事物的直观感受,也被称为数据直接驱动式,即人类大脑会在接收到外部刺激时做出的下意识的快速响应。伴随神经生理学对人类大脑运行机理的深入研究,这类处理方式成为大多数研究的出发点。

在 2008 年以前，大部分自底向上模型都延续了 Itti 等通过在图像中标记出预测注意点的位置来描述显著性目标大致区域的研究思路，将采集到的眼动数据定义为真值，与计算结果做比较分析。较为有代表性的工作有：2003 年，Ma 等[27] 提出了像素对比度差异模糊增长规则，从度量图像局部像素点差异逐步向全局区域扩展；2006 年，Harel 等[28] 将基于图的方法引入计算模型，对原始图像做图结构分解，以访问结点的频率突显显著性目标，该方法过于注重衡量边缘部分的变化信息，丢失了大量的显著性目标内部信息；在 2007 年的国际计算机视觉与模式识别会议（Conference on Computer Vision and Pattern Recognition，CVPR）上，Hou 等[29] 利用光谱残余假设，在频率域揭示图像的统计规律，直接利用简单的傅里叶正反变换获取谱残留（spectral residual），虽然在今天看来，该方法的理论还有很多要完善的地方，比如在第二年，Guo 等[30] 就在充分论证的基础上，提出相位谱（phase spectrum）才是显著性特征在频率域的关键描述，且其计算结果也仅是实现了对显著性区域的原始化提取，该模型在频率域的处理思路充分展现了数学的无穷魅力，并对后续图像领域研究起到了非常重要的启示作用。

受图像分析领域对目标区域均匀完整性的实际应用需求影响，自 2009 年开始，对视觉显著性的研究开始关注对显著性目标的精确检测和分割，研究者将人眼关注显著性目标的整体区域标注为真值，仅需设置简单的阈值，即可实现对显著性目标与背景区域的分割。以此为目标的显著性检测技术已经发展成为了降低图像及视频处理复杂度的重要预处理技术。相关代表性工作包括：文献 [31] 在频率域内利用高斯差分滤波器衡量每个像素点与整体平均值间的差异，能够简单快速地获取显著性图，但最终结果的计算精度不高；2010 年，Goferman 等[32] 提出一种通过定义全局视觉规则，将全局表层特征和局部底层特征相融合的显著性物体检测方法；2012 年，Perazzi 等[33] 在文献 [31]算法的基础上，首先对原始图像进行超像素分割，构筑颜色独立性（uniqueness）和空间颜色分布（distribution）图，融合两两比对的差异性特征，最终从超像素映射回像素级，生成显著性图，该算法的实质是定义了一种滤波策略，较好地提高了算法的计算效率；同年，Wei 等[34] 首次尝试以边界先验构建计算模型，即将处于图像四个边缘区域的像素点集合作为背景区域，计算内部像素区域到边缘区域的测地线距离，最终估算出相应区域的显著性值大小；2013 年，Lu 的团队[35,36] 利用边界先验的概念从不同角度提出了两种显著性计算模型，其中文献［35］的主要工作是先将图像边缘区域的像素定义为背景种子点，进行一次流形排序（manifold ranking）[37]，生成初始显著性图，进而在初始显著性图中定义新的前景种子点，通过二次流形排序生成最终显著性图，该方法对满足边界先验的图像能够获得很好的检测结果，但对显著性区域正好处于边界区域的图像检测效果较差，而文献［36］采取对边界背景区域连接的方法，通过比对内部区域像素点个数与包含边缘像素点个数，建立内部相应区域显著性值的估计模型；2014年，Zhu等[38]针对边界先验失效的问题，修正了其适用范围，增强了边界先验理论在处理各类型图像时的鲁棒性；2015年，Cheng等[39]从分析图像的直方图入手提出了一种空间邻近区域融合的显著性计算策略，利用混合高斯模型分解出图像不同区域的空间信息，最终借助改进后的GrabCut分割算法[40]对检测结果做二值化分割。

2. 自顶向下模型

人类在不同年龄段，受自身知识和阅历的影响，对同一种场景在视觉注意度上会有细微的差异，尤其是对那些包含较为抽象的事物、需要一定程度思考才能领悟的复杂场景，不同人群所反映出的差异更大，造成这种现象的原因就是人类作为高等生物具有后天习得能力。自顶向下模型从模拟人类后天习得能力出发来构建显著性计算模型，本质是建立在对图像内容进行搜索和上下文情景理解基础上的任务驱动式模型。该类模型往往需要从已知样本中学习到有用信息，去满足特定的任务需求，所以这种计算方式会较为复杂，响应速度也会受到影响。受制于上述因素，再加上现有科学知识仍不能揭示人类学习能力的深层奥秘，导致基于自顶向下模型的显著性检测算法发展较为缓慢，从2008年以后才陆续出现一些较为完整的研究成果[41,42]，其中的代表成果有：2010年，Elazary等[42]从模拟人类视觉搜索机制出发，提出了一种能够自动选择重要特征（如特定灰度值）和设定检测窗口尺度的计算模型，该模型能够根据先验特征做出灵活的变化；2011年，Wang等[43]采用字典查询的方式，通过寻找图像集合内与字典相似区域的差异性来检测显著性区域；2013年，Jiang等[44]从回归的角度建立显著性计算方法，该方法从大量包含真值的图像库中选取正负样本集，通过大规模训练抽取图像特征，最终经过学习获得显著性检测模型，该方法最大的问题就是需要大规模的前期训练图像，前期训练效果直接决定所生成显著性图的质量；文献［45］针对自顶向下模型计算复杂度较高的问题，提出一种基于自底向上模型生成初始显著图的引导学习[46]方法，充分利用多特征信息，取得了较好的检测结果；2016年，同样从字典构成角度出发，Yang 等[47] 在训练数据的基础上，利用条件随机构建字典模型，完成了对图像内特定显著性目标的提取。

从行为学的角度来看，人类的高端智能主要反映在先天能力和后天习得之间的承接以及组合影响上[48,50]。而随着视觉注意机制相关研究工作的逐步深入，一些学者开始关注自底向上模型与自顶向下模型之间的择优交叉共融问题，试图探寻出具备一定经验和知识，并能对图像直接刺激做出快速反应的组合算法，在更好地保障检测结果准确性的同时，提升算法的实时性。文献 [49] 利用贝叶斯（Bayesian）理论，全面衡量自顶向下和自底向上两种模型彼此构成因素，提出了一种将两者做最优化组合的显著性算法；Itti 团队[24]提出了一种能够映射场景主要信息和视觉注意点的认知模型，并以游戏视频中的图像为例对算法模型进行了验证；2015 年，Qin 等将元胞自动机（cellular automata，CA）[51] 能够模拟生命体自我复制能力构建复杂动态系统演化过程的特性引入显著性算法，对已有的多种不同显著性模型提出基于多层元胞自动机的融合策略，最终检测结果在各单体算法的基础上有了不同程度的提高，该算法突破了原有融合思想简单相乘的处理方式，但缺乏对单体模型之间彼此制约和促进关系的深层次探讨。

随着近年来多种能够同时捕获场景各类光场、频谱、热感以及深度信息的高端视觉传感器相继面世，显著性检测对象也从普通二维数字图像扩展到了各类型特殊图像领域。2014 年，Shen 等[52] 面向互联网网页文字、图像布局，将调研得到的人眼在浏览网页时的习惯性数据作为先验信息，计算网页上相关信息的显著性值，研究成果为网页设计人员把最重要信息放在哪些区域提供了有用的参考信息；文献 [53] 针对蕴含场景光场信息的图像，通过已知的聚焦和深度信息，有效解决了显著性检测过程中目标被遮挡的问题；He 等[54] 首先在不同光源强度下采集两幅图片，利用图片间明显的光源分布差异，完成对显著性目标的提取；2016 年，Feng 等[55] 以 RGB-D 数据集图像为研究对象，针对图像背景中普遍存在的深度可变区域，提出了一种基于局部背景特征（local background enclosure，LBE）的 RGB-D 显著性物体检测方法。

二、协同显著性算法研究现状

类似于协同分割[56] 等图像处理技术，协同显著性检测概念也是基于显著性检测技术提出的，即从面向单幅图像的显著性区域检测转为面向群组图像的共同显著性区域检测。同时，协同显著性检测能妥善处理传统显著性检测算法无法解决的复杂情况。较为成熟的协同显著性检测模型起始于 2010 年 Jacobs 等[57] 的工作，对图片间协同显著性关系的探索经历了从两张图片到多张图片的研究过程，相关研究问题在 2013 年后受到越来越多研究者的关注，掀起了第二波研究热潮，出现了大量代表性研究成果[58-61]。文献［62］对截至 2016 年底的协同显著性相关研究成果进行了不完全统计如图 1-6 所示。

图 1-6 中纵轴为发表论文数量，横轴为发表年份，通过观察可以发现，协同显著性相关研究论文从 2010 年左右的年均 2 篇快速发展到 2016 年的 20 篇，论文发表期刊和学术会议的档次也有了质的进步。协同显著性检测的核心技术问题是如何发现一组图像中的共同显著性前景目标，基于不同的思考策略，现有检测模型可分为三大类：自底向上（bottom-up），基于融合（fusion-based）和基于学习（learning-based）的方法。

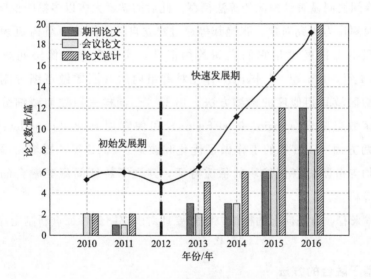

图 1-6　协同显著性检测算法研究成果统计图

1. 自底向上方法

协同显著性检测最常用的方法是获取群组图像中每个像素点或区域的显著性值，进而通过人为设定协同显著性规则，实现对共同显著性目标的检测。此类方法的思想可以概括为式(1-1)。

$$Co\text{-}saliency = Saliency \times Repeatedness \tag{1-1}$$

其中，$Saliency$ 代表群组图像中单幅图像自身内部关系的显著性值，而 $Repeatedness$ 定义为单幅图像内部显著性目标在群组中重复出现的频率。

2010 年，Chen 等[63] 利用两幅图像中的联合信息对只在一幅图像中出现的显著性目标进行约束，该方法不需要匹配算法，但其检测结果是类似于人眼注意点的目标模糊位置，没有对目标区域做出准确的提取。2011 年，Li 等[64] 同样针对两幅图像，首先利用已有三种显著性算法生成两幅图像各自的显著性图，之后重新定义一个基于图结构的空间金字塔，经加权融合后生成协同显著性图，该算法处理一幅图像需要耗费上百秒的计算时间，且只能应用于两幅图像间协同显著性检测。

2013 年，Fu 等[65] 将对比线索（contrast cue）、空间线索（spatial cue）和重复性线索（corresponding cue）进行聚类融合，首次系统性提出了适用于多幅图像间协同显著性检测的算法模型。此后的学者大多以多幅图像间的协同显著性检测作为研究对象。张艳邦等通过建立自然图像的一组稀疏表达，利用多变量 K-L 散度度量它们之间的相似性，实现多幅图像协同显著性检测。2014 年，Liu 等[66] 提出一种先对群组内所有图像做精细分割，进而衡量分割区域间相似度的检测方法。Li 等[67] 同样采用先期精细分割的思路，从区域层融合（region-level fusion）和像素层细化（pixel-level refinement）两方面对 Liu 等的工作做了优化和改进。2015 年，周培云等[68] 通过提取均匀分割后各图像块的稀疏特征，建立了特征间聚类融合的协同显著性计算模型。

总体来看，自底向上的检测方法需要针对多幅图像特征重新制定显著性检测规则。

2. 基于融合的方法

针对自底向上方法存在的问题，2013 年，Cao 等[69] 提出了先通过已有显著性模型生成一些子图，然后进行加权融合的协同显著性检测思路，如式（1-2）所示。

$$Co\text{-}saliency = \sum_i Weight_i \cdot Submap_i \tag{1-2}$$

其中，$Submap$ 代表显著性算法获取的初始显著性图，$Weight$ 代表引导融合权值。

2014年，Cao等[70] 在前期工作的基础上，针对大规模群组图像，分别以任意一幅图像为搜索主体，利用随机森林法在图像集合中寻找一组与其类似的图像，进而对组内每幅图像做显著性计算，融合组内计算结果生成该图像的协同显著性图。2015年和2016年，文献［60］［71］对基于融合的协同显著性方法进行了改进，在依赖现有单幅图像显著性算法获取原始图像预处理结果的基础上，分别从像素和超像素的角度度量图像间的一致性特征，并将若干子图融合，优化最终的协同显著性检测结果。

通常来说，基于融合的协同显著性检测方法普遍可以获得较好的检测结果，因为这种算法思路有效借鉴了现有优秀显著性算法，进而通过融合方法将所提协同检测模型灵活地嵌入其中，本质上是对现有优秀显著性算法的改进和扩展，但同时也存在受制于或过于依赖现有显著性算法检测结果的问题。

3. 基于学习的方法

伴随智能学习算法的快速发展，研究者尝试将深度学习模型引入协同显著性检测，此类算法的思路是将协同显著性检测看作分类问题。目前基于此思路的研究工作主要集中在西北工业大学韩军伟教授所带领的研究团队[72]。具体实现方式是利用深度学习算法从大量图片数据中抽取以像素点或者区域为单位的特征，同时构建相应的学习模型，对图像中前景和背景区域进行分类，突显出具有一致性特征的前景区域，实现协同显著性检测目的。相关研究论文于2015年和2016年分别发表于计算机视觉领域顶级会议和期刊（ICCV 2015，IJCV，TPAMI），受到领域内相关研究人员的广泛关注，但该类算法的最大问题在于需要大量的训练数据，且学习过程的不确定性影响了算法的扩展空间。

第三节
图像修复与目标检测研究现状

一、图像修复的研究现状

图像修复是将因遮挡、模糊、传输干扰等各种因素造成信息缺失或损坏的图像，利用图像缺失部分邻域的信息和图像整体的结构信息等，按照一定的信息复原技术对图像的缺失或损坏的区域进行修复[73,74]。图像修复技术具有独特的功能，被应用到许多图像处理的场景中，例如删除图像中不需要的物体，除去目标物上遮挡物体，修复损坏等任务，图像修复的核心是图像修复区域既要保持全局语义结构，又要保证生成逼真纹理细节[75-79]。

目前的图像修复方法主要分为两类，一类是非学习的图像修复方法，一类是基于学习的图像修复方法。前者是传统的基于补丁的修复方法，具有低级的特征；后者是学习图像的深度特征，通过训练基于深度学习的修复模型最终推断缺失区域的特征信息，从而实现残缺图像的修复。非学习的修复方法大多数是利用基于纹理合成和基于结构的修复方法实现图像信息的复原[80-82]。基于纹理合成常常采用基于低级特征的区域匹配和补丁来修复图像的缺失像素，这些低级特征如 RGB 值的均方差或 SIFT 特征值[83]。这些方法可以合成合理的静态纹理，然而并不适用于图像结构复杂的场景。基于结构的图像修复方法常常依据图像信息的结构性原则，采用逐步扩散的方式修复图像或复制背景最相关区域的信息来填补缺失区域[84-86]。这样的方法可以产生平滑和逼真的结果，然而其计算成本和内存的使用量是非常大的。为了解决这一问题，Barnes 等人提出了一种快速最邻近计算的图像修复方法[87]，大幅度提高了计算速度，且能得到一个高质量的修复效果。尽管非学习方法对表面纹理合成非常有效，但它们并不适合处理较大的缺失区域。

深度学习方法的快速发展，也为图像修复模型研究开辟了一条新的路径。基于深度学习的图像修复模型是对一个深度神经网络进行大量训练，使其学习到图像更多深层次的特征信息，从而得到更加逼真的图像修复效果[88,89]。GAN 作为一种无监督的深度学习模型被应用于图像修复领域[90]，使得基于深度学习的图像修复得到了进一步的发展。GAN 修复的原理可以理解为利用生成器实现缺失区域图像修复，并利用判别器对生成区域的真实性进行评价，从而确保修复图像的质量[91,92]。

基于学习的图像修复方法通常是利用深度学习和 GAN 策略实现残缺图像的修复，Pathak 等人[93] 提出了一种基于上下特征预测的图像修复方法，该方法通过上下文编码器提取整个图像的深度特征，并对缺失部分的生成做出合理假设。同时利用像素损失函数，使生成的结果更加清晰。然而，它生成精细纹理的效果并不能满足人们的预想。Yang 等人[94] 为提高修复模型的修复效果，提出了一种图像特征和纹理约束联合的多尺度图像修复模型。该模型在上下文结构的基础上，提出联合优化框架。该框架通过用卷积神经网络对全局内容约束和局部纹理约束进行建模，从而修复图像缺失区域。Yu 等人[95] 提出了一种基于统一前反馈的修复模型。该模型分为两个阶段：第一个阶段通过重建损失训练一个简单的卷积网络以获取粗修复结果；第二阶段包含一个注意力层，其原理是将已知补丁的特征信息作为卷积处理器，通过将卷积设计生成的补丁和已知的上下文的补丁进行匹配，并利用全连接层对补丁特征加权和反卷积对生成补丁进行重构，从而得到具有精细纹理的修复效果。然而该方法忽略了残缺区域的语义相关性和特征连续性。为了解决这一问题，Liu 等人[50] 构建了由粗到细的图像修复模型。该模型通过粗修复阶段生成缺失区域，同时将连贯语义模块引入精细修复阶段。其原理是缺失区域中的每个特征补丁由已知区域中最相似的特征补丁进行初始化，并利用相邻块的空间一致性对它们进行迭代优化，最终获取细节纹理更加合理的修复图像。

目前许多学者在图像修复领域已经做出巨大贡献，但其研究成果在处理背景复杂的水下残缺图像时仍显"力不从心"。

二、目标检测的研究现状

目标检测是机器视觉中的重要研究领域，旨在识别和定位图像中感兴趣的目标。目前，目标检测技术已得到了广泛的应用，例如汽车自动驾驶、实时视频监控和 AUV 水下探测。深度学习研究的逐渐深入为目标检测发展注入新的活力[96-99]。基于深度学习的目标检测模型可以分为两类：单阶段目标检测模型和双阶段目标检测模型[100]。单阶段目标检测模型直接利用检测网络预测感兴趣的边界框。典型的单阶段检测算法主要包括 YOLO[101]、SSD[102]、YOLO-v2[103]、YOLY-v3[104] 等。双阶段目标检测模型依据特征信息选出候选框，然后再对每个候选框进行分类和位置修正。典型的双阶段检测算法主要包括 R-CNN[105]、Mask R-CNN[106]、Fast R-CNN[107]、Faster R-CNN[108] 等。单阶段目标检测模型的检测速度具有较大优势，而双阶段目标检测模型的优势是检测精度高。

近年来，许多学者借助深度学习技术解决水下目标识别的问题。基于深度学习的水下目标检测模型无论是在精准度还是在检测速度上都有显著的提高。针对难以获取大量水下图像的问题，Yu 等人[109] 提出一种基于迁移学习的水下目标识别框架。在训练过程中，利用具有标记的水下图像和未标记的非水下图像对模型进行训练，从而获取较好鲁棒性的水下目标检测模型。然而该模型并未解决水下模糊、水体浑浊对水下目标识别的影响。为了降低水下复杂环境对水下目标识别的影响，Wang 等人[110] 提出用于水下物体识别的深度解码——编码卷积结构，利用编码网络从低噪声的水下图像中提取目标特征。同时利用反卷积层构建分类器，提高模型识别的精度。然而该算法在背景复杂场景的水下环境中呈现出明显的不足。为了在复杂的水下环境中实现水下目标的精准识别。Zhao 等人[111] 提出了一种基于复合骨干网和增强型路径聚合网络的新型复合鱼类检测框架。该模型改进残差网络并构建一个新的复合骨干网络，同时构建了增强型路径聚合网络，减少了水下环境对物体特征的干扰，提高了图像特征的利用率。Pan 等人[112] 提出基于多尺度卷积网络的实时水下物体检测模型。该模型通过水下视频帧训练多尺度卷积网络模型，并利用多尺度操作提取不同尺度目标的特征信息，从而提高了水下目标识别的效率。然而上述模型在模糊、水纹干扰下的低质量图像目标识别方面具有明显的不足，针对这一问题，Mathias 等人[113] 将视觉特征和高斯混合模型与 You Only Look Once 目标识别模型融合，提出一种深度神经网络驱动的水下自动目标检测模型。该模型利用基于衍射校正预处理水下图像，同时将水下基于二维经验模态分解的高斯混合模型引入到模型中，从而提高了的水下目标检测方法的检测效率。

2

传统显著性区域估计模型普遍以像素或者超像素为单位，从分析图像的颜色特征和纹理特征入手建立区域间对比度约束关系，以此来衡量各部分的显著性值。这种人为定义规则的处理策略往往过于注重单纯的图像分析问题，而忽视了研究显著性算法模拟生物视觉机制的最本质特性。实际上，以人类为代表的哺乳动物视觉系统要比仅仅面向图像识别的算法复杂很多，影像感受野对传入视网膜的信息会有选择性的处理，不会仅对某一种特定光源敏感。因此，应当充分利用模拟脑皮层工作原理的神经网络模型，构建更符合人类视觉处理机制的视觉显著性模型。

本章从分析第三代神经网络 PCNN 神经元刺激机制中受到启发，通过改进其网络结构中的点火脉冲单元，提出了一种基于 PCNN 混合估计模型的改进显著性区域提取（improved salient region extraction，ISRE）方法。

第一节
引言

随着人工智能和计算机视觉的逐渐成熟，人们对智能设备和智能装置的需求日益增加，然而现有的智能机器人大多智能化水平较低，缺乏自主感知和执行能力。制约智能机器人发展的关键技术问题是如何使机器人具有人类智慧，其中对环境准确、快速的空间感知与识别又是亟待解决的首要问题。生物神经学相关研究表明，视觉区在大脑皮层中所处位置的生理结构非常复杂，在处理外部视觉信息时，通过 P 型和 M 型两种神经节通道分别处理颜色和运动信息。通过视觉传感器获取图像信息的过程类似于人类观察世界的方式，可以轻易获取大量高质量的图像信息，这对后续图像分析处理技术提出了更多的挑战。从模拟人类视觉系统工作机理出发，对图像内容更深入的识别理解已经发展成为一个多学科交叉的前沿性技术问题。从应用层角度的研究成果来看，深入融合计算机视觉、生理认知学、神经生物学、心理学等领域的显著性计算模型，在图像特征匹配[114]、图像分割[115]、图像质量评价[116]、图像修复[117] 和目标检测与跟踪[118] 等领域已经成为有效的处理工具。

根据算法采用的对比度区域不同，Cheng 等将视觉显著性算法分为基于局部和基于全局两大类。基于局部的方法是从对图像的区域描述逐渐扩展到全局，该类方法计算复杂度较低，迎合了当时计算机处理能力较差的时代背景，但也带来了检测结果只能计算出边缘部分的显著性值、对显著性目标整体性描述不足的问题。代表性工作包括：1998 年 Itti 等提出的 IT 算法、2006 年 Schölkopf 等提出的 GB 算法、2007 年 Hou 等提出的 SR 算法、2008 年 Achanta 等[119] 提出的 AC 算法和 2010 年 Goferman 等提出的 CA 算法，各算法效果对比如图 2-1 所示。随着计算机硬件技术爆炸性发展，尤其是以 GPU 为代表的硬件加速技术的诞生，近期的研究更倾向于采用全局衡量的方式构建显著性计算模型。相关特征提取与描述手段也更加多样化，例如：同时考虑在 RGB、LAB、HSV 等不同颜色空间提取同一幅图像的不同特征表示形式；将图像划分为多个尺度，在各尺度分别考虑显著性分布问题；综合考虑图像频域内的频谱、相位特征等。较为优秀的全局显著性算法有：2009 年 Achanta 等提出的 FT 算法、2012 年 Perazzi 等提出的 SF 算法（显著性滤波算法）、2013 年 Yang 等提出的 GMR 算法和 2015 年 Cheng 等提出的 RC 算法，各算法效果对比如图 2-2 所示。对上述现有算法做整体分析，不论是从局部或者从全局角度出发，最终仍然都是针对各类直观视觉对比，从数字图像固有的像素点、图像块（blocks）、局部聚类区域（regions）等各类原始特征建立求解模型。

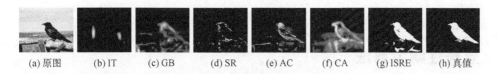

(a) 原图　　(b) IT　　(c) GB　　(d) SR　　(e) AC　　(f) CA　　(g) ISRE　　(h) 真值

图 2-1　基于局部的视觉显著性算法检测结果对比图

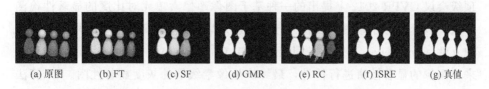

(a) 原图　　(b) FT　　(c) SF　　(d) GMR　　(e) RC　　(f) ISRE　　(g) 真值

图 2-2　基于全局的视觉显著性算法检测结果对比图

多学科研究表明，大脑对视觉信息的处理过程是对外部刺激信息选择性响应的复杂传播过程，所以在构建模拟人类视觉注意机制的图像显著性检测算法时应当综合考虑计算模型的结构延展性和输出结果的可传播性。神经生物学家 Hodgkin 等[120] 研究发现，猫的视觉皮层结构和处理机制与人类最为接近。

基于此，Eckhorn 等[121] 构建了模拟猫的视觉感知系统模型，在神经元的输入端加入了包含外部和邻接神经元的刺激信号。Thomsa 等[122] 在 Eckhorn 研究的基础上提出了脉冲耦合神经网络，该模型较好地模拟了生物神经元传播、刺激响应和选择性等特性，输入神经元信息经网络传播能够直接输出具备方向扭曲、方位移动、旋转角度和物理尺寸不变性的直观二值图像，输出结果能够直接应用于图像增强、分割、去噪和边缘提取等多种后续图像处理技术。文献 [123-125] 针对图像分割问题，从不同角度提出了基于 PCNN 模型的解决方案，充分验证了脉冲耦合神经网络对由灰度差别带来的分割区域内部空洞和区域边缘不连续性问题的有效弥补作用。这些正是困扰显著性检测算法后期对显著性区域准确分割与提取任务的关键性技术问题。

为更加准确地模拟人眼视觉感知过程，结合 PCNN 较为完善的神经网络传播机制，本章利用 SF 算法和改进 PCNN 建立混合模型，提出了一种改进的显著性区域提取方法。该方法利用 SF 算法获取原始输入图像的初始显著性图和亮度特征图，将亮度特征图的各像素点对应定义为 PCNN 输入端的各神经元，通过将二值化初始显著性图与连接调制单元的输出做点乘运算，确定更加准确的点火范围，进而改进了点火脉冲单元的输入方式，最后经多次迭代直接生成二值化显著性提取结果。

第二节
显著性滤波算法

显著性滤波算法是由 Perazzi 和 Krahenbul 在计算机视觉和模式识别领域顶级会议 CVPR 2012 上提出的一种基于图像超像素单元对比度的显著性检测算法。该算法对原始图像首先进行超像素分割，在此基础上提取出图像的颜色独立性（uniqueness）图和空间颜色分布（distribution）图，并将两者结合起来对图像的显著性值进行估计，最终产生像素级别的灰度显著性图。SF 算法较传统显著性算法能够更好地区分前景和背景区域，并且其公开的基于 C++ 语言和 Matlab 的源程序在实际运行中具有较快处理速度。算法具体实现步骤如图 2-3 所示。

一、图像预处理（abstraction）

该法利用的 SLIC 算法是 Achanta 等提出并被广泛应用的超像素分割方

(a) 原图　　(b) 超像素　　(c) 独立性　　(d) 分布性　　(e) 显著性图　　(f) 真值

图 2-3　SF 算法执行步骤

法。该算法的最大特点在于可以按照使用者的需求人为设定超像素个数，较同类型算法在获取的超像素单元紧凑性和大小一致性方面优势明显。分别将超像素提取个数设定为 50、100、150 和 200，经 SLIC 算法处理后的图像超像素提取效果如图 2-4 所示。

(a) 原图　　　　(b) 50单位　　　　(c) 100单位　　　　(d) 150单位　　　　(e) 200单位

图 2-4　不同超像素单位的 SLIC 算法提取结果

SF 在使用 SLIC 算法对原图像进行超像素分割的时候，将 SLIC 算法中基于 RGB 空间的聚类操作改进为在更符合人类视觉的 CIE Lab 空间的 K 均值聚类，从而实现对原图像抽象化预处理，如图 2-3（b）所示。通过该步骤实现对图像的粗分割，随后以超像素为单元进行特征度量将极大降低数据的运算量。

二、颜色独立性度量（element uniqueness）

颜色独立性的概念定义为，某一元素与其近邻元素之间的差异性，代表相应元素与其他元素的区分度，该区分度可以等效为对图像显著性区域的描述，如图 2-3（c）所示。SF 算法将超像素 i 的颜色独立性具体定义为 i 与其他超像素 j 在 CIE Lab 颜色空间加权距离的总和，具体描述如式（2-1）。

$$U_i = \sum_{j=1}^{N} \| c_i - c_j \|^2 \times \underbrace{\omega(p_i, p_j)}_{\omega_{ij}^{(p)}} \tag{2-1}$$

式中，U 表示颜色亮度值；$i,j=1,2,\cdots,N,i\neq j$；N 表示超像素的块数；p 表示超像素的空间位置；c 表示在 CIE Lab 空间的颜色；ω 表示权重系数，该权重系数与超像素空间各超像素单元的距离有关，即距离远的超像素单元对中心超像素单元的显著性贡献较低。

若直接利用式(2-1)对所有超像素进行颜色独立性估计，则运算复杂度为 $O(N^2)$。为了降低计算复杂度，可以利用式(2-2)，通过高斯权值将计算复杂度降至 $O(N)$。

$$\omega_{ij}^{(p)} = \frac{1}{Z_i}\exp\left(-\frac{1}{2\sigma_p^2}\|p_i - p_j\|^2\right) \tag{2-2}$$

其中，Z_i 是保证 $\sum\limits_{j=1}^{N}\omega_{ij}^{(p)}=1$ 的归一化因子，则利用式(2-2)可对式(2-1)做如式(2-3)的变换。

$$
\begin{aligned}
U_i &= \sum_{j=1}^{N}\|c_i - c_j\|^2\omega_{ij}^{(p)}\\
&= c_i^2\underbrace{\sum_{j=1}^{N}\omega_{ij}^{(p)}}_{1} - 2c_i\underbrace{\sum_{j=1}^{N}c_j\omega_{ij}^{(p)}}_{\text{blur}c_j} + \underbrace{\sum_{j=1}^{N}c_j^2\omega_{ij}^{(p)}}_{\text{blur}c_j^2}
\end{aligned} \tag{2-3}
$$

式中，$\sum\limits_{j=1}^{N}c_j\omega_{ij}^{(p)}$ 和 $\sum\limits_{j=1}^{N}c_j^2\omega_{ij}^{(p)}$ 进行模糊高斯核计算，采用这种将超像素分解到 x-y 坐标系运算的策略，能够获得更加精细的估计结果，并大大降低了算法复杂度。

三、空间颜色分布度量（element distribution）

图像显著性区域必然是具备颜色独立性的，但反过来，并不是所有颜色独立性超像素区域都分布在显著性目标内部，即仅考虑颜色独立性会误将本属于背景的高亮度区域判定为显著性目标。这就需要增加约束条件，抑制背景干扰。一般来说，背景区域相较于具有较多相似性特征的显著性目标区域在空间上会分布得更加不均衡，即构成显著性目标的超像素单元应该以更加紧凑的形式分布。据此可以制定基于空间颜色分布性的约束规则，将渲染出的空间颜色分布紧凑区域定义为显著性目标区域，如图 2-3（d）所示。具体规则如式(2-4)。

$$D_i = \sum_{j=1}^{N} \| p_j - \mu_i \|^2 \omega_{ij}^{(c)}$$

$$= \sum_{j=1}^{N} p_j^2 \omega_{ij}^{(c)} - 2\mu_i \underbrace{\sum_{j=1}^{N} p_j^2 \omega_{ij}^{(c)}}_{\mu_i} + \mu_i^2 \underbrace{\sum_{j=1}^{N} \omega_{ij}^{(c)}}_{1} \qquad (2\text{-}4)$$

$$= \underbrace{\sum_{j=1}^{N} p_j^2 \omega_{ij}^{(c)}}_{\text{blur}p_j^2} - \underbrace{\mu_i^2}_{\text{blur}p_j}$$

式中，$\omega_{ij}^{(c)}$ 代表超像素 (i,j) 的颜色相似度，$\mu_i = \sum_{j=1}^{N} \omega_{ij}^{(c)} p_j$ 与颜色独立性度量求解方式类似，同样采用高斯权值降低运算复杂度，在 Lab 三个通道内做各自独立运算，计算如式（2-5）所示。

$$\omega_{ij}^{(p)} = \frac{1}{Z_i} \exp\left(-\frac{1}{2\sigma_c^2} \| c_i - c_j \|^2\right) \qquad (2\text{-}5)$$

四、生成显著性图（saliency assignment）

SF 算法最后通过融合颜色独立性图和空间颜色分布图完成对图像的显著性检测。首先对 U_i 和 D_i 做归一化处理，进而对超像素进行初始显著性值计算，如式（2-6）所示。

$$S_i = U_i \times \exp(-kD_i) \qquad (2\text{-}6)$$

在式（2-6）计算的基础上，对显著性值做进一步修正，见式（2-7）。

$$\widetilde{S_i} = \sum_{j=1}^{N} \omega_{ij} S_j \qquad (2\text{-}7)$$

式（2-7）中 ω_{ij} 同样是高斯权重，表述如式（2-8）所示。

$$\omega_{ij} = \frac{1}{Z_i} \exp\left(-\frac{1}{2}(\alpha \| c_i - c_j \|^2 + \beta \| p_i - p_j \|^2)\right) \qquad (2\text{-}8)$$

最终将每个超像素的显著性值均匀分配给单元内每个像素点，确定像素级别的灰度显著性图，如图 2-3（e）所示。

五、算法鲁棒性讨论

SF 算法在图像预处理阶段采用 SLIC 算法对原始图像进行超像素分割，不同的超像素单元分割结果会对算法最终生成的显著性图有一定的影响，图

2-5 是在不同超像素单元分割情况下 SF 算法在 ASD 数据库上的 P-R 曲线表现。

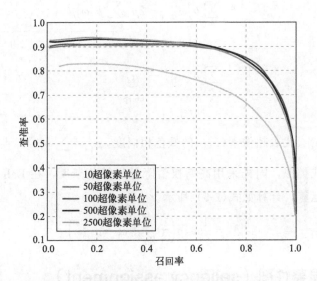

图 2-5　不同超像素单位下 SF 算法 P-R 曲线

可以看出，过少的超像素单元（如 10 个）将严重影响算法的最终效果，但当超像素单元达到 50 个以后，算法整体表现趋于稳定，此时过多地设置超像素分割单元只会增加运算的复杂度。图 2-6 是采用不同超像素单元 SF 算法的最终显著性图视觉对比情况。

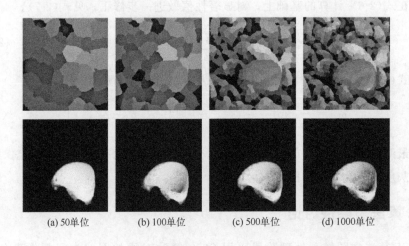

(a) 50单位　　　(b) 100单位　　　(c) 500单位　　　(d) 1000单位

图 2-6　不同超像素单位下 SF 算法结果视觉对比图

数字图像视觉显著性检测、
修复与目标识别技术

基于上述讨论，可以发现 SF 算法具有较好的鲁棒性，超像素单元达到 50 个以后对整体算法表现影响较小，为保证后续评测的公平性，我们采用算法提出者发布的原始代码生成显著性图，如图 2-3(e)。

将图 2-3(e) 与真值 [图 2-3(f)] 对比可以发现，SF 算法能够较好地检测出显著性目标区域，但受算法模型影响，会将显著性目标消防员附近的区域赋予较高的显著性值，造成这个问题的原因就是单纯的空间分布性约束仍无法准确地确定出显著性目标的边界，会将邻近显著性目标的颜色独立性单元误认为属于显著性区域。基于此，本章将 SF 算法获取的显著性值作为初值，利用 PCNN 对其算法模型进行改进和优化。

第三节
基于 PCNN 的改进显著性区域提取算法

通过对 SF 算法模型及求解方案的系统分析可知，受限于仅考虑颜色对比度差异的传统全局显著性检测思路，该算法所生成的显著性图会同时将与显著性目标近邻的高亮背景区域提取出来，如图 2-7(b) 所示（第一行图像左上角的白色区域，第三行图像中垂直的缝隙）。为有效弥补 SF 算法模型的缺陷，从模拟生物脑皮层对视觉刺激信息选择性处理的响应机制出发，以 SF 算法对图像信息进行粗分割，利用由粗到精的思想，提出一种基于 PCNN 的改进显著性区域提取算法（ISRE），实现对图像显著性目标直接二值化提取，如图 2-7(c) 所示。本章所提 ISRE 算法有效去除了第一行图像中左上角白色区域和第三行绝大部分缝隙区域的干扰，所获取的显著性区域提取结果与图 2-7(d) 的真值更为接近。

所提 ISRE 算法是基于 PCNN、以 SF 算法检测结果为基础的混合算法模型，算法具体的实现过程包括六个步骤：

第 1 步：利用 SF 算法对原始图像进行粗分割，获取初始显著性图 OSM 和亮度特征图 IFM。其中 OSM 是 SF 算法提取的显著性图，而 IFM 是在 OSM 基础上生成的。获取 IFM 是整体算法中的重要一步，因为亮度特征是人类视觉系统（human vision system，HVS）感知一切外部视觉信息的前提条件，没有亮度特征，视觉系统就无从感知和描述颜色、形态、方位、移动和深度距离等特征。将亮度特征作为原始的刺激信息是最符合人类视觉系统的。

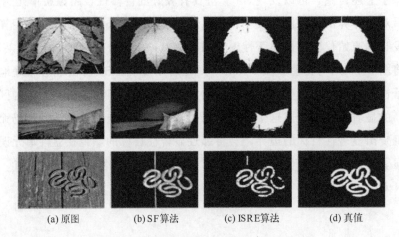

| (a)原图 | (b)SF算法 | (c)ISRE算法 | (d)真值 |

图 2-7 ISRE 算法与 SF 算法效果对比图

第 2 步：将 PCNN 输入神经元设定为亮度特征图 IFM 中的各像素点，模拟生物神经元的刺激信息。

第 3 步：在 PCNN 输入端利用连接突触权重对每个外部刺激神经元形成一个局部刺激，以此作为连接调制单元的输入。

第 4 步：在 PCNN 连接调制单元产生内部活动项。

第 5 步：利用整体像素值 75% 的阈值对 OSM 做二值化分割，获取 OSM 的二值化分割图 OSM_C，将 Step 4 的输出与 OSM_C 做点乘，以产生更准确的点火范围，实现对 PCNN 点火脉冲输入方式的改进和优化。

第 6 步：经多次迭代，输出二值化显著性图。

ISRE 混合模型的框架如图 2-8 所示，下面将分别详细介绍组成该模型的三个部分：输入单元、连接调制单元和点火脉冲单元。

一、输入单元

在 PCNN 输入单元，以亮度特征图 IFM 中每个像素 $I_{ij}(x,y)$ 作为生物神经元接收到的外界刺激输入 F_{ij}，将 $I_{ij}(x,y)$ 与其 3×3 范围内 8 个邻域利用连接突触权重 W 连接起来，形成一个局部刺激 L_{ij}。权重 W 由一个 3×3 的核矩阵构成，矩阵中的数值通过计算中心像素点到周围 8 个邻域像素的边界距离决定，具体公式如式（2-9）所示。

$$W_{ijkl} = \frac{1}{\sqrt{(i-k)^2 + (j-l)^2}} \tag{2-9}$$

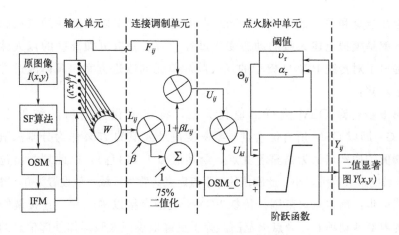

图 2-8　ISRE 混合模型框架结构图

式中，(i,j) 代表中心像素点在图像中的像素坐标，(k,j) 分别代表 8 个领域像素点的像素坐标。经计算确定的权重矩阵 $\boldsymbol{W}$ 如式（2-10）所示。

$$\boldsymbol{W}=\begin{bmatrix} 0.707 & 1 & 0.707 \\ 1 & 0 & 1 \\ 0.707 & 1 & 0.707 \end{bmatrix} \tag{2-10}$$

二、连接调制单元

在 PCNN 连接调制单元，将输入端接收到的外界生物神经元刺激 F_{ij} 作为主输入信号，将其与经权重矩阵 $\boldsymbol{W}$ 计算产生的局部刺激输入 L_{ij} 进行联合调制耦合，调制过程如式（2-11）所示。

$$U_{ij}[n]=F_{ij}[n]\{1+\beta L_{ij}[n]\} \tag{2-11}$$

式中，U_{ij} 为神经元经调制单元产生的内部活动项，β 是连接强度系数，用来衡量神经网络中突触之间的连接强度，中心神经元受 8 邻域神经元的影响力随 β 取值变化，β 取值越大则影响力越大，具体取值由式（2-12）确定。

$$\beta=\frac{1}{\sqrt{STD_{ij}+1}} \tag{2-12}$$

其中，STD_{ij} 代表中心神经元与周围 8 邻域神经元灰度值的标准方差。在本章算法中 β 为 0.4。

三、点火脉冲单元

人类感知场景信息的一个重要特点是，会随着接收到场景信息的变化而调整视觉注意点和关注的区域，PCNN 点火范围的确定以及随后的点火脉冲产生过程就是模拟上述人眼的动态变化过程。为了获取更加准确的点火脉冲范围，提出了对传统 PCNN 模型的点火脉冲单元的改进方案。具体改进方案包括如下步骤：

第 1 步：对 OSM 进行二值化分割，将二值化分割后的结果定义为 OSM_C。即以 OSM 所有像素点非零灰度值最大值的 75％作为分割阈值，大于此阈值的像素点认为是显著性点，令其值为 1（白色），以此划分出包含显著性区域的最大范围，小于此阈值的像素点定义为背景区域，值设置为 0（黑色）。

第 2 步：确定点火范围。传统 PCNN 模型直接以神经元经连接调制单元产生的内部活动项 U_{ij} 为点火范围。为了更好地模拟人眼感知外部信息的动态变化过程，对传统确定点火范围的方案进行改进，即将 OSM_C 与 U_{ij} 做点乘运算，以此作为点火范围 U_{kl}，如式(2-13) 所示。

$$U_{kl} = U_{ij} \cdot OSM\_C \tag{2-13}$$

第 3 步：确定动态阈值。神经元在脉冲点火单元的动态阈值 Θ_{ij} 由式(2-14) 确定。

$$\Theta_{ij}[n] = \max[U_{kl}(x,y)]\mathrm{e}^{-\alpha} \tag{2-14}$$

其中，α 是指数衰减系数，用以模拟人眼在动态感知场景信息的过程中，对事物的关注度逐渐降低的过程。依据传统经验，取值为 0.3。

第 4 步：产生时序脉冲。通过比较点火脉冲范围 U_{kl} 与动态阈值 Θ_{ij}，对所有应点火神经元进行点火操作，输出时序脉冲序列 Y_{ij}，如式(2-15) 所示。

$$Y_{ij}[n] = \begin{cases} 1, U_{kl}[n] > \Theta_{ij}[n] \\ 0, 其他 \end{cases} \tag{2-15}$$

通过多次迭代模拟人眼对场景信息反复细化感知的过程，生成显著性图的最终二值化提取结果，如图 2-9 所示，描述了 PCNN 模型中像素点与神经元之间的对应刺激传播关系。

与人类记忆随时间推移逐渐淡化的遗忘机制类似，迭代次数越多，则被点火的神经元呈指数型衰减，反映到显著性区域提取上，即显著性区域会随着迭代次数的增加逐渐减少。

如图 2-10 所示，将对经典的红细胞图进行不同迭代次数的提取结果进行对比，可以看出，迭代次数在 3～5 时就可以对整体红细胞实现很好的提取效果，而当迭代次数超过 20 以后，会造成次显著性红细胞的快速丢失，且迭代次数越多，运算时间也相应增加。为兼顾提取效果和执行效率，本章算法中设定迭代次数为 3。

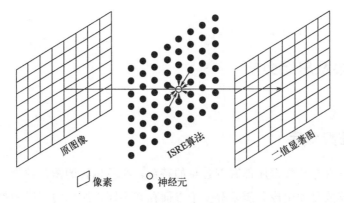

第
二
章

图 2-9　PCNN 神经元传播示意图

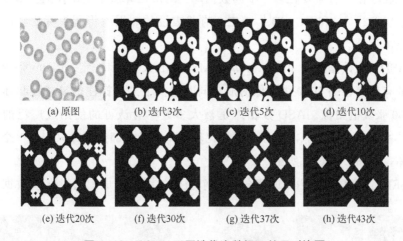

(a) 原图　　(b) 迭代3次　　(c) 迭代5次　　(d) 迭代10次

(e) 迭代20次　　(f) 迭代30次　　(g) 迭代37次　　(h) 迭代43次

图 2-10　PCNN 不同迭代次数提取效果对比图

　　所提改进显著性区域提取算法 ISRE 模型各单元处理效果如图 2-11 所示，下面将通过实验对所提算法的有效性和鲁棒性做进一步论证。

(a) 原图　　(b) 超像素　　(c) 独立性　　(d) 分布性

(e) OSM　　(f) IFM　　(g) ISRE　　(h) 真值

图 2-11　ISRE 模型各单元的效果图

第四节
实验结果及总结分析

一、标准数据库

目前已有标准数据库都有着各自的特色，在所包含的图片数量、每个图片中包含物体数目和图像分辨率等多个方面存在不同。所以为了得到更加客观公平的比较数据，有必要在多个不同数据库上对所提算法模型做评测。本章选取ASD、SED2[126] 和 ECSSD[127] 三个有代表性的数据库将所提算法与已有算法做整体评价。

ASD：该数据库由 Achanta 等在 MSRA 10K 数据库[128] 10000 张图像中找出的有代表性的 1000 张图像构成，同时提供了人工标注的显著性物体区域的 1000 张真值图像。ASD 数据库是被大多数学者认可的使用最广泛的数据库，其主要特点是图像前景和背景均比较简单，且大部分图像只包含一个显著性物体，如图 2-12(a) 所示

SED2：该数据库由 100 张包含两个物体的图像构成，通过在该数据库的

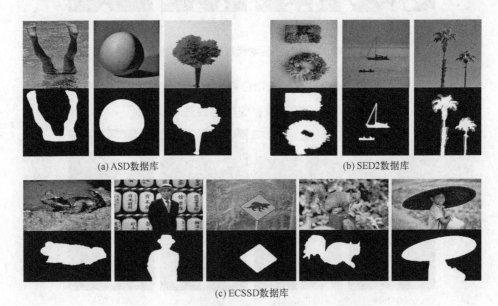

(a) ASD数据库   (b) SED2数据库

(c) ECSSD数据库

图 2-12　三个显著性物体数据库的原图像和真值

数字图像视觉显著性检测、
修复与目标识别技术

评测，可以更好地衡量测试算法在显著性物体数量变化时检测结果的鲁棒性，如图 2-12（b）所示。

ECSSD：该数据库同样包含 1000 张图像，其图像的构成较 ASD 数据库更为复杂，包含多种场景的前景和背景区域，对测试算法的准确度提出更高要求，如图 2-12（c）所示。

二、评价方案和指标

对显著性检测算法的评价方案可以分为直观定性评价和客观定量评价两种。所谓直观定性评价就是对各种检测算法生成的显著性图直接进行人眼观察，根据与真值图像接近程度的视觉感受做出直观上的评价。该评价方案能对各显著性算法做出粗略的判断，如果要对表现效果相近的算法做出准确的评价，则需要通过定量的曲线或者数值比对实现。早期对眼动预测模型的显著性算法大多采用受试者工作特性（receiver operating characteristic，ROC）曲线以及其曲线下面积（the area under ROC curve，AUC）进行评价，该评价方法同样适用于显著性区域检测算法的评价。而召回率（recall）、查准率（precision）和综合 F 值（F-measure）则是衡量显著性区域检测算法准确度的典型评价指标，基于此评价指标可以绘制出被评测算法的 P-R（precision-recall）曲线。此外，还常用平均绝对误差（mean absolute error，MAE）来衡量算法生成显著图与真值的接近程度。下面对本章采用的定量评价指标做详细说明。

1. P-R 曲线和 ROC 曲线

首先，定义各算法显著性图为 SM（salient map），将其量化至 [0，255]；随后从 0 到 255 每隔 1 个数值设定一个固定阈值，对所有显著性图进行二值化分割，将分割结果定义为 SSM（segmentation salient map）；最终利用各图像人工标注的显著性真值图 GT（ground truth）与 SSM 做比对计算，并将计算结果绘制成相应评价曲线。其中，P-R 曲线的纵坐标 Precision 和横坐标 Recall 的计算公式如式(2-16) 所示。

$$Precision = \frac{SSM \cap GT}{SSM}$$
$$Recall = \frac{SSM \cap GT}{GT} \tag{2-16}$$

ROC 曲线原本是在二分类问题中评价分类器好坏的评测方法，应用到显著性检测算法评测中时，可以使用类似 P-R 曲线的绘制策略，以变化的阈值将检测到的显著性图二值化，将只包含 0 和 1 的二值化显著性图与真值看作二分类的问题进行评测。相应 ROC 曲线纵坐标真阳性率（true positive rate，TPR）和横坐标假阳性率（false positive rate，FPR）的计算公式如式(2-17)所示。

$$TPR = \frac{DSR \cap GT}{DSR}$$

$$FPR = \frac{DSR \cap \overline{GT}}{\overline{GT}} \tag{2-17}$$

式中，$\overline{GT}$ 代表对 GT 取反。

2. AUC

AUC 是衡量 ROC 曲线下面积的指标，一个理想模型得到的 AUC 为 1，而依赖随机猜测得到的 AUC 为 0.5。在对算法进行 AUC 指标评测时，其值越接近 1 代表算法性能越好。

3. 综合 F 值

P-R 曲线和 ROC 曲线虽然可以定量地评价各算法的表现，但将多个算法曲线绘制在一起的时候，效果相近算法之间的曲线会分布在密集的坐标轴区域，不利于观察某一种算法具体的表现情况，此时可以通过选取一个自适应阈值对显著性算法检测结果进行分割，而不是从 [0，255] 遍历全部阈值。参考 Achanta 等提出的以显著性图平均值的 2 倍作为自适应阈值 T，计算公式如式 (2-18) 所示。

$$T = \frac{2}{W \times H} \sum_{i=1}^{W} \sum_{j=1}^{H} SM(i,j) \tag{2-18}$$

式中，W 和 H 是显著性图 SM 宽和高的尺寸。利用式(2-16) 得到数据库中所有图片的一组平均查准率和召回率，则可求出综合 F 值（F-measure）作为整体性能的评价指标，如式(2-19) 所示。

$$F\text{-}measure = \frac{(1+\lambda^2) Precision \times Recall}{\lambda^2 \times Precision + Recall} \tag{2-19}$$

式中，λ 是调节查准率权重的系数。通过召回率的计算公式可以看出，如果单单追求召回率的极大值的话，则可以将整个图像区域作为显著性区域提取出来，这样的"显著性区域"势必包含所有的真值，此时召回率将达到最高的数值 1。为了避免单纯对召回率的追求，参考大多数文献的标准，本章取 λ^2 为 0.3。

4. MAE

MAE 是衡量算法获取的显著性图 SM 与真值间差距的评价指标，首先将 SM 归一化到区间 [0,1]，得到 SM′，随后逐像素计算与真值对应像素位置的差，将结果的绝对值取平均，MAE 计算公式如式（2-20）所示。

$$MAE = \frac{1}{W \times H} \sum_{i=1}^{W} \sum_{j=1}^{H} |SM'(i,j) - GT(i,j)| \qquad (2\text{-}20)$$

三、标准数据库实验及分析

参考两种显著性区域检测算法评价方案，将本章所提 ISRE 模型二值化显著性图以 SF 算法检测结果为模板，映射（mapping）出 ISRE 模型的灰度显著性图 ISREM。本部分在 2.4.1 节所介绍的 ASD、SED2 和 ECSSD 三个标准数据库上，对所提算法与现有七种显著性算法做直观定性和客观定量两方面的评价实验。对比评测的七种算法，按提出时间先后的顺序排列包括 IT[24]、GB[28]、SR[29]、AC[119]、FT[31]、CA[32]、SF[33]。

1. 直观定性视觉对比实验

基于三个数据库的直观定性视觉检测效果评价实验结果分别如图 2-13～图 2-15 所示。

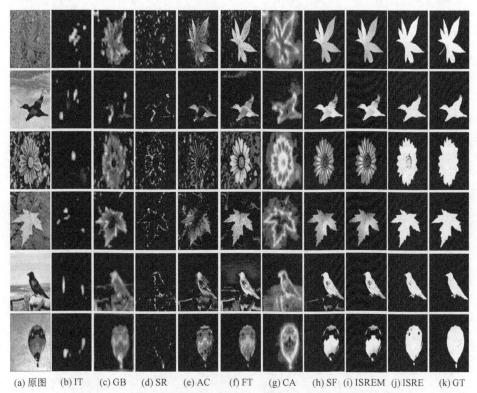

(a) 原图　(b) IT　(c) GB　(d) SR　(e) AC　(f) FT　(g) CA　(h) SF　(i) ISREM　(j) ISRE　(k) GT

图 2-13　基于 ASD 数据库所提算法与现有七种算法的视觉对比

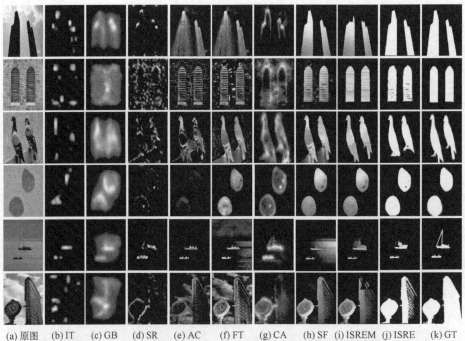

(a) 原图　(b) IT　(c) GB　(d) SR　(e) AC　(f) FT　(g) CA　(h) SF　(i) ISREM　(j) ISRE　(k) GT

图 2-14　基于 SED2 数据库所提算法与现有七种算法的视觉对比

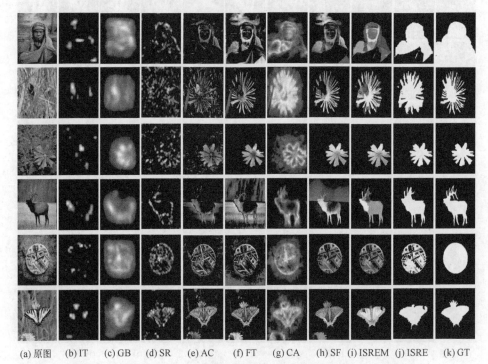

(a) 原图　(b) IT　(c) GB　(d) SR　(e) AC　(f) FT　(g) CA　(h) SF　(i) ISREM　(j) ISRE　(k) GT

图 2-15　基于 ECSSD 数据库所提算法与现有七种算法的视觉对比

数字图像视觉显著性检测、
修复与目标识别技术

从视觉直观感受方面，基于三个数据库整体表现分析如下：第二列的 IT
算法只能模拟最基础的眼动注意信息，标识出显著性物体简单的位置信息，缺
乏对显著性区域整体连续的描述；第三列的 GB 算法能够高亮突显出包含显著
性物体的较大区域范围，但没能描述出显著性物体的边缘信息；第四列的 SR
算法以较为离散的边缘点集检测出了显著性物体所在区域的轮廓，但过于稀疏
的点集分布以及对显著性物体内部区域信息的缺失，严重影响了算法在后续图
像处理技术中应用的可能性；第五列和第六列的 AC、FT 算法是同一研究团
队前后两年连续的工作，从视觉效果来看，两个算法模型均可以较为完整地检
测出显著性物体区域信息，尤其是 FT 算法在显著性赋值方面更为优异，但对
背景信息的抑制效果不够理想，如图 2-13 中的第三行、第五行，图 2-14 中的
第二行、第六行，图 2-15 中的第一行、第四行；第七列的 CA 算法在实现对
显著性物体整体区域较好检测的基础上，提升了对显著性区域的高亮显示，其
对整体显著性物体的高亮突显表现最为优异，但同样存在对背景区域的错误高
亮检测问题，如图 2-13 中的第一行、第三行，图 2-14 中的第二行，图 2-15 中
的第二行、第五行和第六行；第八列 SF 算法是本章算法模型的基础，与第九
列本章算法灰度映射显著性图对比，所提算法在抑制图像背景中高亮度信息干
扰方面表现突出，比较明显的背景信息抑制图像有图 2-13 中第五行小鸟停落
的木架，图 2-14 中第二行窗户周围的墙面、第五行船只停靠的海面，图 2-15
中第四行中的黄色草地、第六行左下角黄色的小花，除此以外，所提算法对显
著性区域进行了更高显著性赋值，从视觉效果来看第九列所提算法对显著性物
体区域高亮效果较第八列 SF 算法有了明显的整体性提升；第十列是本章算法
直接输出的二值化显著性图，通过与同样二值显示的人工标注真值图对比，所
提算法较现有七种算法优势明显，与真值更为接近，但在显著性物体内部区域
完整性和多显著性物体检测方面的表现还有待加强，较为明显的提取失败图像
包括图 2-13 第六行中热气球内部颜色变化区域，图 2-14 中第五行较大的船只
桅杆部分、第六行大型建筑物窗户等局部区域，图 2-15 中第一行人体下部衣
服区域、第五行钟表内部区域。

2. 客观定量对比实验

在直观定性视觉对比的基础上，进一步对现有七种显著性算法与所提算法
进行客观定量评价，分别对各算法显著性图采用遍历固定阈值分割和自适应阈
值分割两个方案进行实验，先后获取 P-R 曲线、ROC 曲线、AUC 值、综合 F
值和 MAE 值等评价指标。

（1）P-R 曲线和 ROC 曲线

各算法基于三个数据库获得的 P-R 曲线和 ROC 曲线分别如图 2-16～图 2-18 所示。

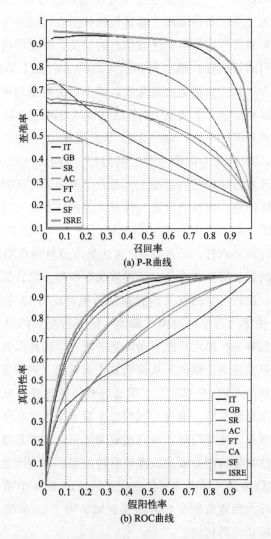

(a) P-R曲线

(b) ROC曲线

图 2-16　基于 ASD 数据库所提算法与现有七种算法的 P-R、ROC 曲线

通过与现有七种显著性检测算法在 P-R 曲线和 ROC 曲线上的对比，可以看出，在三个各具特色的数据库上，本章所提算法均在 SF 算法上有所提高，且优于其余六种算法。为了便于观察，特意将本书所提算法的曲线用加粗显示。

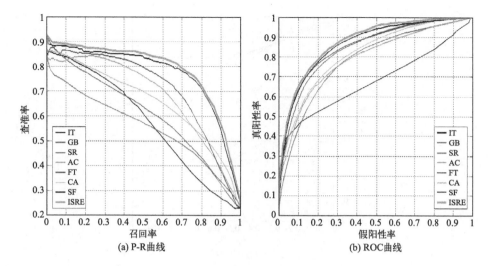

(a) P-R曲线　　　　　　　　　　(b) ROC曲线

图 2-17　基于 SED2 数据库所提算法与现有七种算法的 P-R、ROC 曲线

由于本章算法主要是对 SF 算法的改进，故针对 P-R 曲线的表现将所提算法与 SF 算法做单独详细评测。所提算法主要是在 SF 算法的基础上有效抑制了图像中的强亮度背景干扰。从观察两种算法在三个数据库的 P-R 曲线可以发现，所提算法的最大查准率（P-R 曲线横坐标为零时纵坐标的取值）均有5％左右的提升，即使召回率（P-R 曲线横坐标）逐渐增大（即随着固定阈值由 255 到 0 逐渐减小），所提算法查准率（P-R 曲线纵坐标）仍持续优于 SF 算法，这就说明所提算法生成显著性图背景区域的取值依然在阈值之下，有力证明了所提算法较 SF 算法较好地突显了前景显著性区域，并有效抑制了背景区域。

同时如果单独衡量各算法在三个数据库上的整体表现，则表现效果从优到差依次排列顺序为 ASD＞SED2＞ECSSD，这个顺序恰好符合了三个数据库整体难易程度的评价。但若观察每种算法在各数据库的表现则不一定遵从数据库整体难易度的排序，例如 CA 算法（黄绿色曲线）能够高亮提取包含显著性物体及周边较大区域，所以在背景较为复杂的 ECSSD 数据库表现较优，但在多显著性物体的 SED2 数据库表现较差，这也充分说明了对各算法在多个各具特色数据库做统一评价的必要性。

（2）AUC 值

为了更加直观地反映 ROC 曲线对各算法的评价效果，进一步求取 ROC

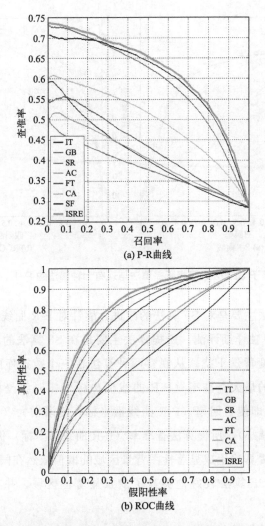

(a) P-R曲线

(b) ROC曲线

图 2-18　基于 ECSSD 数据库所提算法与现有七种算法的 P-R、ROC 曲线

曲线下面积（the area under ROC curve，AUC）。基于三个数据库 AUC 值计算结果的柱状图和计算过程中相应的积分曲线分别如图 2-19 和图 2-20 所示。

从图 2-19 可以看出，本书所提算法在三个数据库上均取得最高的 AUC 指标，ASD 数据库为 0.8918，SED2 数据库为 0.8676，ECSSD 数据库为 0.8142，说明所提算法检测结果与真值更为接近。同时结合直观定性视觉对比评测时观察到的 GB 算法和 CA 算法，虽然不能很好地提取出显著性物体的边

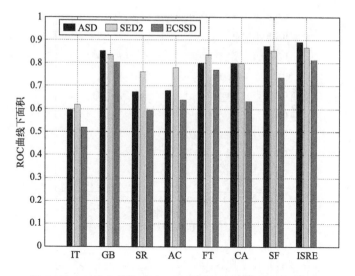

图 2-19　在三个数据库上 AUC 值的柱状图对比实验结果

缘信息，但两种算法都趋向于检测出显著性物体周边较大范围区域，所以单从 AUC 指标比对结果来看，两种算法表现都较为优异，尤其是 GB 算法，其整体表现仅次于 SF 算法和本章所提算法，且在 ECSSD 数据库上的表现还优于 SF 算法，这也说明了 SF 算法对具有复杂背景的图像处理能力较差，从侧面说明了所提算法对 SF 算法的有效改进，尤其是针对整体难度较大的 ECSSD 数据库，所提算法较 SF 算法在 AUC 指标上提升了 10 个百分点。

观察图 2-20 中相应的积分曲线，会发现各算法结果的收敛速度不同，当某些算法结果出现相近 AUC 指标时，可以进一步考察其对应的积分曲线，进行更具体的评测。

（3）综合 F 值和 MAE 值

F 值是对召回率和查准率的综合评价指标，其值越高，说明算法检测结果的精确度越高，即以真值为单位 1，F 值越接近 1 说明算法提取区域的精确度越好（0.9 比 0.8 好）。而 MAE 值则是通过将算法检测结果归一化到 [0, 1] 区间后，与二值化真值（0 或 1）的接近程度做对比，取值越小越好，显著性区域的取值越小，则背景区域的取值越大，两者间的差异越大（0.9/0.1 比 0.8/0.2 好）说明算法检测结果的区分度越大，越利于寻找到一个简单的阈值来对显著性图进行分割。

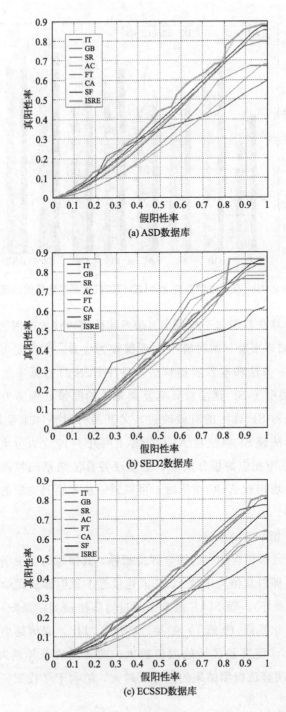

(a) ASD数据库

(b) SED2数据库

(c) ECSSD数据库

图 2-20　在三个数据库上的 ROC 积分曲线对比实验结果

数字图像视觉显著性检测、
修复与目标识别技术

在三个数据库中，分别利用式(2-19)和式(2-20)计算现有算法与所提算法的综合 F 值和 MAE 值，并以柱状图的形式进行对比展示，如图 2-21 和图 2-22 所示。

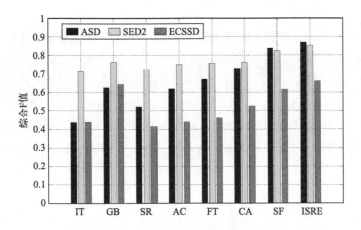

图 2-21　在三个数据库上的综合 F 值对比柱状图

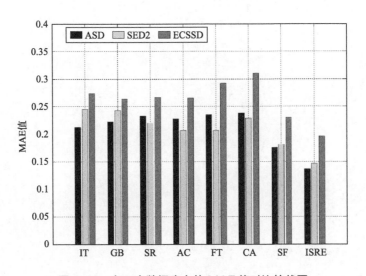

图 2-22　在三个数据库上的 MAE 值对比柱状图

从图 2-21 和图 2-22 的柱状图对比效果可以看出，本书所提算法相对于较早提出的 IT、GB、SR 等算法优势明显，且在三个数据库上的表现一致优于原始 SF 算法，其中综合 F 值提高了 3.4%～7.4%，MAE 值降低了 15.4%～

21.9%。由于采用 PCNN 有效抑制了背景干扰，所提算法的改进效果针对存在大量复杂背景图像的 ECSSD 数据库更加明显。为了更直观地展示所提算法与 SF 算法的评测结果，在表 2-1 中统一对比了两者在 AUC 值、F 值、MAE 值三个评价指标的具体表现。

表 2-1　ISRE 算法与 SF 算法 AUC 值、F 值和 MAE 值指标对比

	AUC			F（measure）			MAE		
	ASD	SED2	ECSSD	ASD	SED2	ECSSD	ASD	SED2	ECSSD
ISRE	0.8918	0.8676	0.8142	0.8704	0.8515	0.6615	0.1367	0.1454	0.1948
SF	0.8738	0.8545	0.7359	0.8387	0.8232	0.6162	0.1751	0.1807	0.2303
改进百分比	2%	1.5%	10.6%	3.8%	3.4%	7.4%	21.9%	19.5%	15.4%

基于多尺度优化的显著性目标细微区域检测方法研究

本章主要针对图像中显著性目标的局部区域与目标整体差异过大导致局部显著性值丢失的问题，提出一种利用元胞自动机同步更新机制多尺度优化的显著性目标细微区域检测方法。首先介绍了元胞自动机的概念，将图像特征相似区域演化过程与元胞自动机建立的复杂动态系统联系起来；随后分别在同一图像的五个超像素尺度空间内采用暗通道先验和区域对比度相结合的方法，构建各超像素空间的原始显著性图；进一步依据元胞自动机同步更新规则优化各原始显著性图中每个元胞下一状态的影响力，获取各自的优化显著性图；最后以贝叶斯理论构建概率融合规则，生成能够均匀突显显著性目标的最终显著性图。

第一节
引言

随着显著性检测技术研究的深入，该领域已经涌现出了许多优秀的算法，在部分标准数据库上的检测结果和评测指标不断提高，基本上接近了人工标注的真值图，但该领域还有很多技术问题有待解决，比如将同一种算法用于不同的评测数据库，则算法表现会出现差异，这就说明相关算法在模型构建时，仅是加强了对某一类图像信息的处理，并没有真正从根本上找到显著性检测技术核心难点问题的解决方案。已有的自底向上模型更关注底层视觉信息，会弱化对显著性目标全局形状信息的获取。与其相对应，自顶向下模型能够通过前期训练，得到显著性目标的先验特征信息，实现对某些固定类别目标的检测，但是自顶向下模型的检测结果较为粗糙，会丢失细节信息，且计算复杂度普遍高于自底向上模型。

对人类视觉系统更深层次的研究发现，在对外界刺激作出最直观的响应之后，视觉系统会自动对相关刺激信息进行归类，并对不同类别信息采用不同的处理机制。第一类是最关心的显著性目标，将其定义为前景信息，并在后续进行更复杂的感知分析和处理。第二类是非显著的背景信息，这类信息往往会被直接忽略，不会被送入大脑视觉皮层去做更深层次的处理。所以真正被高层视觉皮层处理的仅是外界感知信息集合的一个最优子集，这就有效保证了人类即使面对非常复杂的环境仍能快速捕捉到最有用的信息。受此启发，近年来，学者们从构建更能覆盖真实环境中各类挑战、难度系数更高的数据库入手，以对图像信息的二分类作为基础，在更加复杂的检测任务中寻找现有算法的不足，从前景和背景两类视角探求自底向上和自顶向下两种模型的内在联系，提出了一些更加新颖的算法模型。

2015 年，Tong 等从解决自底向上模型因对特征描述不足导致检测结果不准确的问题出发，提出了基于引导学习机制的显著性检测算法。该算法首先设计了一个自底向上模型生成引导样本，在此基础上进行特征的学习和优化，巧妙地省去了传统自顶向下模型前期大量离线训练的过程。Gong 等[129] 从传播机制来看待显著性检测问题，提出了一种可控传播顺序的显著性检测方法，依据特征描述唯一性、连续性和独特性等指标对图像信息传播难易度进行划分，将传播区域从简单到复杂的扩散过程定义为"教"和"学"（Teaching-to-learn）的交替过程。2016 年，Ren 等[130] 在 Qin 等二维图像元胞自动机更新机制研究基础上，提出了针对 RGB-D 显著性检测的超图模型，以深度信息建立新的背景先验信息，利用邻域间深度对比差异，检测出前景和背景的边界，通过元胞自动机更新优化得到基于深度信息的显著性图。

为解决第二章所提 ISRE 模型对显著性目标局部细微区域检测失败的问题，以达到更好的显著性目标检测结果，受上述最新研究成果的启发，本章提出了一种基于元胞自动机多尺度优化的显著性细微区域检测方法，同时引入了新的定量评价指标，在目前公认最具挑战的 DUT-OMRON 数据库[131] 上与近期提出的六种显著性算法进行了全面对比测评，充分验证了本章所提算法在处理复杂图像场景任务时的有效性。

第二节
元胞自动机模型

一、元胞自动机的基本结构

元胞自动机（cellular automata，CA）的概念最早由计算机学家冯·诺伊曼于 1951 年提出，定义为在离散时间维度上元胞空间内所有元胞按照特定规则进行演化的动态系统。元胞（cell）、元胞空间（lattice）、邻胞（neighbor）和更新规则（rule）是构成元胞自动机模型的四个基本部分。元胞自动机具有同步性、局部性和一致性三个特点，即每一个元胞在离散状态下以相同的更新规则进行同步更新，其下一时刻的状态由自我当前状态和邻胞当前状态共同决定，所有元胞在同一规则下更迭，最终使整体系统演化到一个期望的新状态。

1970 年，Martin Gardner 在英国数学家 John Horton Conway 的构想下设计了康威生命游戏[132]，以直观生动的形式模拟展示出元胞自动机的演化过程。该游戏在一个 $N \times N$ 的二维元胞矩形空间进行，每个单元代表一个元胞，元胞具有生和死两种状态，某个单元的状态要根据其周围邻居活的单元数目迭代变化，相应的游戏规则有四条：第一，周围八邻域的元胞状态决定该元胞的状态；第二，若周围有 3 个元胞状态为生，则该元胞为生（原状态为死则转为生，原状态为生则保持不变）；第三，若周围有 2 个元胞状态为生，则该元胞保持原生死状态不变；第四，除上述两种情况，该元胞为死（原状态为生则转为死，原状态为死则保持不变）。

此游戏规则恰当反映了自然界中生命的生存规律：一个生命会因周围同类生命太少得不到帮助而死亡，也会因周围同类生命太多得不到足够资源而死亡。依据游戏规则，在 50×50 的方格内设计了生命游戏程序，每个方格包含 8 个像素点，相应的演化结果如图 3-1 所示，根据初始生命数量的不同，在一定的演化周期后，生命的数量会处于稳定状态，即生命的演化会趋于收敛。

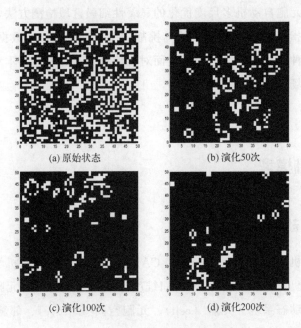

(a) 原始状态   (b) 演化50次

(c) 演化100次   (d) 演化200次

图 3-1 康威生命游戏演化过程展示

二、元胞自动机的应用

受元胞自动机中生命体上述自我复制特征的启发，可以构建出机器的自我复制模型，从而有效模拟复杂动态系统的演化过程，相关研究已经被广泛应用到社会学、经济学、生物学、军事学和计算机图像学等各领域。具体应用实例包括：在社会学中，模拟个人行为的外在流行表象，如服饰流行潮流等；在经济学中，用于研究因通货膨胀引起的经济危机从形成到爆发的过程；在军事学中，对战场上的军事作战变化策略进行模拟；在计算机图像学中，可以把数字图像矩阵看作元胞空间，以像素或超像素为单位模拟元胞更新演化的过程；在生物学中的应用就更为自然和普遍，如人类大脑的工作机理探索，肿瘤细胞、艾滋病毒等的产生与繁衍过程，以及最前沿的生命克隆、转基因技术等。

具体到对图像显著性区域检测的问题，元胞自动机自我更新机制可以用于描述显著性目标自身显著值在空间一致性分布的特点。在生成的显著图内部，各显著性单元受邻域相似特征区域显著值影响，不断更新自身显著性值，使显著性目标区域内显著性值更加均匀地分布。

第三节
显著性目标细微区域检测算法

显著性细微区域指的是显著性目标局部存在的与整体差异过大的区域，具体如图 3-2 所示。

图 3-2(a) 第一行中人体未被衣服遮挡裸露在外的手臂和脚部，第二行中飞鸟的身子和爪部，第三行中套在大猩猩头上的水桶，这些细微区域由于自身与显著性区域整体的差异过大或与背景过于接近，极易造成提取失败。图 3-2(b) 是本书所提 ISRE 算法的检测结果，可以看出，该算法中 PCNN 模型最大的贡献就是有效去除了背景干扰，但对显著性目标细微区域提取效果还有待提高，尤其是对第三行大猩猩身体区域完整性的提取较差。图 3-2(c) 是 2015 年提出的 BSCA 算法的检测结果，该算法利用元胞自动机更新机制取得对显著目标整体较好的检测结果，但由于其初始显著性图仅由单幅图像背景先验获取，客观上造成了单尺度空间细微区域有效信息丢失问题，同时还存在背景抑制不完全的情况。例如在第二行图像中，过于强化飞鸟翅膀的显著性值而丢失

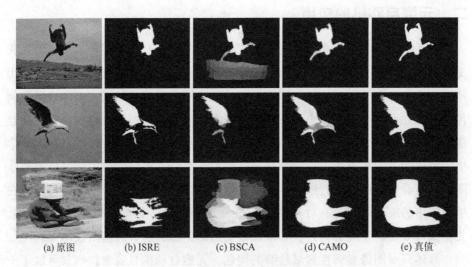

| (a) 原图 | (b) ISRE | (c) BSCA | (d) CAMO | (e) 真值 |

图 3-2　CAMO 算法优势展示图

了飞鸟身体部分的显著性信息，在第一、三行图像中都没能完全去除背景干扰。针对上述问题，本章提出一种基于元胞自动机多尺度优化（cellular automata multi-scale optimization，CAMO）的显著性检测方法，通过构造多尺度超像素空间，并利用贝叶斯模型融合各单一空间的显著性结果，在有效去除背景干扰的同时，更为精确地检测出了显著物体细微区域，计算结果与真值更为接近，如图 3-2(d) 所示。

如前所述，CAMO 是基于元胞自动机的多尺度显著性图概率融合模型，其具体算法框架如图 3-3 所示，共包含三大步骤：

第 1 步：生成原始显著性图。针对单尺度显著性算法检测结果受超像素个数影响极大的问题，在同时保证相似像素点有效聚类和算法执行速度的原则下，统筹制定多尺度划分规则，即在 [50,300] 的超像素个数取值范围内，每隔 50 或 100 个单位将原图像分割为五个尺度空间，本书设定的超像素个数分别为 50、100、150、200、300，并在每个尺度空间内以暗通道先验和区域对比度相结合的方式，构建原始显著性图。

第 2 步：生成优化显著性图。通过影响因子矩阵和置信度矩阵确立元胞自动机更新规则，得到各尺度空间的优化显著性图。

第 3 步：以概率融合确定最终显著性图。在贝叶斯理论框架下，计算各尺度空间显著性图对应像素点之间的概率关系，生成最终显著性图。

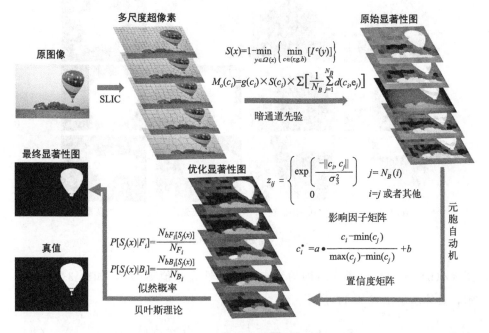

图 3-3　CAMO 算法框架

一、暗通道先验原始显著性图

利用 SLIC 算法[133] 将原图像按照不同超像素个数划分为五个超像素尺度空间。依据摄像师取景时会将主要目标放在镜头中央的拍摄习惯[134]，分别在各超像素尺度空间内，通过计算每个超像素点与边缘超像素点的对比度，建立中心先验假设，结合暗通道先验[135] 生成原始显著性图。

暗通道先验在 2010 年由 He 等[135] 提出，早期主要用于图像去雾技术。在对被大雾笼罩的建筑物、广场、街道等非天空区域进行去雾操作时，暗通道指的是在 RGB 颜色空间每个通道中，那些不包括天空的图像块总是存在一个或几个亮度值很小的像素点，这些像素点的值为 0（黑色）或接近 0。在显著性检测时，图像中天空一般都是作为背景形式存在，非天空区域往往就是显著性目标所在区域，将暗通道作为对显著性目标所在区域先验性描述，可以有效生成原始显著性图，如图 3-4 所示。

暗通道先验的具体实现过程是，在超像素尺度空间内，将每个超像素单元 y 定义为图像块，在其周边 5×5 的区域计算每个超像素单元的暗通道值，如

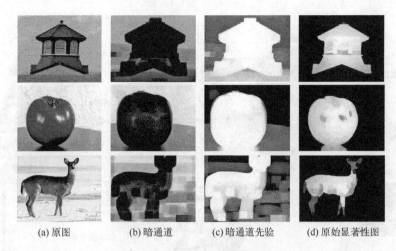

(a)原图　　　　(b)暗通道　　　　(c)暗通道先验　　　(d)原始显著性图

图3-4　暗通道先验示意图

图3-4(b) 所示,反操作后即为该点的显著性先验值 $S(x)$,如图3-4(c) 所示,具体求解如式(3-1) 所示。

$$S(x)=1-\min_{y\in\Omega(x)}\left\{\min_{c\in(r,g,b)}\left[I^c(y)\right]\right\} \tag{3-1}$$

式中,$I^c(y)$ 表示点 y 在对应 RGB 通道内归一化到 0 至 1 之间的颜色值。进而通过式(3-2) 计算每个超像素单元的平均暗通道值。

$$S(c_i)=\frac{1}{N_{c_i}}\sum_{x\in c_i}S(x) \tag{3-2}$$

式中,$\{c_i\},i=1,2,\cdots,N$,代表由 SLIC 算法分割的 N 个超像素单元,N_{c_i} 代表超像素单元内部像素点的数量。进一步引入高斯函数,以中心先验信息建立超像素 c_i 的空间分布权重函数 $g(c_i)$,求解公式如式(3-3) 所示。

$$g(c_i)=\exp\left[-(x-x_0)^2/(\delta_x^2)-(y-y_0)^2/(\delta_y^2)\right] \tag{3-3}$$

式中,x_0、y_0 表示图像中心点位置坐标,x、y 表示超像素单元 c_i 的平均位置坐标,δ_x 和 δ_y 代表相应的中心先验权重,设置为原始图像长和宽尺寸的一半。如式(3-2) 的定义,用 $\{e_j\}(j=1,2,\cdots,N_B)$ 代表经暗通道先验判定为背景区域的超像素个数 N_B,结合暗通道先验和中心先验权重计算各超像素单元的显著性值 $m_o(c_i)$,如式(3-4) 所示。

$$m_o(c_i)=g(c_i)\times S(c_i)\times\sum\left[\frac{1}{N_B}\sum_{j=1}^{N_B}d(c_i,e_j)\right] \tag{3-4}$$

式中,$d(c_i,e_j)$ 代表超像素单元 c_i 与 e_j 间的欧氏距离。为了显示效果的连续性，将式(3-4)获取的各超像素单元的显著性值赋给区域内所有像素点，生成像素级别的原始显著性图 M_o，如图 3-4(d) 所示。

二、元胞自动机优化显著性图

仅考虑暗通道先验和中心先验不利于检测出恰好位于图像边缘的显著性区域，如图 3-4(d) 第三行图像中小鹿的头部、尾巴和脚部区域。为了获取更加精确和平滑的显著性图，本章进一步制定了元胞自动机更新规则，对原始显著性图进行优化。仍针对超像素级别的原始显著性图，将各超像素单元对应为元胞自动机中的元胞，从图像数据自身特点出发，将现有元胞自动机模型做两点新的定义：第一，对原始模型中元胞间的离散状态做重新设定，将对应超像素单元的 0 到 1 之间的连续显著性值作为元胞的状态；第二，扩展元胞间邻域的范围，将位于图像上下左右四个边界的超像素单元定义为是彼此相连的关系。下面将分别介绍基于元胞自动机模型的影响因子矩阵、置信度矩阵以及更新规则。

1. 影响因子矩阵

与原始元胞自动机模型不同，本章定义元胞与邻居之间的影响力不是固定不变的值，而是由颜色空间中的相似度决定彼此间的影响力，即邻域内与某一邻居颜色特征越相似的元胞，其下一时刻的状态受该邻居的影响越大。据此可以建立超像素单元 i（元胞）对超像素单元 j（邻胞）的影响因子矩阵 $\boldsymbol{Z} = [z_{ij}]_{N \times N}$，$z_{ij}$ 见式(3-5)。

$$z_{ij} = \begin{cases} \exp\left(\dfrac{-\|c_i, c_j\|}{\sigma_3^2}\right), & j = NB(i) \\ 0, & i = j \text{ 或者其他} \end{cases} \tag{3-5}$$

式中，$\|c_i, c_j\|$ 表示超像素单元 i 和 j 之间的欧氏距离，σ_3 是相似性力度控制参数，依据参考文献 [48] 的标准，取 $\sigma_3^2 = 1$，$NB(i)$ 是超像素单元 i 的邻胞集合。通过引入度矩阵 $\boldsymbol{D} = \mathrm{diag}\{d_1, d_2, \cdots, d_N\}$ 进一步对影响因子矩阵做归一化处理，其中 $d_i = \sum_j z_{ij}$。归一化影响因子矩阵 $\boldsymbol{Z}^*$ 如式(3-6) 所示。

$$\boldsymbol{Z}^* = \boldsymbol{D}^{-1}\boldsymbol{Z} \tag{3-6}$$

2. 置信度矩阵

元胞自身和它邻域内其他元胞的状态共同决定该元胞下一时刻的状态，为了使系统演化趋优性更好，提出一种置信度矩阵平衡策略。一方面，当元胞与邻胞间差异过大时，该元胞下一时刻的状态主要由当前自身状态决定，即某一超像素单元自身具有较高显著性值时，尽量保留其完整性。反之，当元胞与邻胞较为相似时，该元胞下一时刻受邻胞影响更大，极易被局部同化，即当某一超像素单元与周围单元显著性值相近时，需要保证显著性区域内部的均匀性。按照上述平衡策略设计置信度矩阵 $\boldsymbol{R} = \mathrm{diag}\{r_1, r_2, \cdots, r_N\}$，元胞 i 自身当前状态的置信度 r_i 如式（3-7）所示。

$$r_i = \frac{1}{\max(z_{ij})} \tag{3-7}$$

为保证区间合理分布，定义常数 a 和 b，使 $r_i \in [b, a+b]$，通过下式计算出区间合理约束的置信度矩阵 $\boldsymbol{R}^* = \mathrm{diag}\{r_1^*, r_2^*, \cdots, r_N^*\}$，$r_i^*$ 如式（3-8）所示。

$$r_i^* = a \times \frac{r_i - \min(r_j)}{\max(r_j) - \min(r_j)} + b \tag{3-8}$$

式中，r_j 代表邻胞的置信度，计算公式同式（3-7），$j \neq i, j = 1, 2, \cdots, N$，将 a 和 b 设为 0.6 和 0.2。在置信度矩阵 $\boldsymbol{R}^*$ 的约束下，元胞间的自动更新会更趋于稳定，有利于检测出显著的超像素区域。

3. 元胞自动机同步更新规则

在影响因子矩阵和置信度矩阵的共同作用下，制定本章元胞自动机系统的更新规则。首先，对已确定的显著性前景超像素单元，依据邻居间的固有关系增强相似区域内的显著性值，在局部形成一个稳定的环境。随后，利用颜色空间存在的较大差异划分出显著性目标与背景之间的明确界线。具体更新规则如式（3-9）所示。

$$S^{t+1} = \boldsymbol{R}^* S^t + (\boldsymbol{H} - \boldsymbol{R}^*) \boldsymbol{Z}^* S^t \tag{3-9}$$

式中，$\boldsymbol{H}$ 是单位矩阵，$\boldsymbol{Z}^*$ 和 $\boldsymbol{R}^*$ 分别是影响因子矩阵和置信度矩阵，定义元胞自动机所有元胞遍历一次的更新为一个时间步 t，当元胞自动机收敛时更新停止，收敛速度与元胞数量成反比，在本章 [50,300] 的超像素尺度空间内，统一取更新时间步为 20。对各尺度空间的原始显著性图利用此更新规则，获取元胞自动机作用下的优化显著性图 M_s。

三、贝叶斯概率融合方法

受不同超像素尺度分割的影响，各尺度空间下生成的优化显著性图各有优缺点，需要设计融合规则，以获取最优的显著性图。传统的融合方法没有对待融合显著性图的重要性和贡献度进行评估，习惯将它们一视同仁，通过简单加权平均或者乘积运算进行融合，然而同一性假设会牺牲掉个体显著性图的内部优势，建立在此假设基础上的并非最优融合策略。本部分在获取各超像素尺度优化显著性图的基础上，将超像素单元的显著性值均匀分配给单元内像素点，进一步提出了一种基于贝叶斯理论的概率融合方法。

将本章获取的五个不同超像素尺度下的优化显著性图中任意一个 S_i 定义为贝叶斯先验概率（$i = 1, 2, \cdots, 5$），则其余四个优化显著性图 S_j（$j \neq i, j = 1, 2, \cdots, 5$）为观测似然概率。将 S_i 分别与 S_j 进行四次基于概率评估的两两融合，获取对 S_i 充分评估的四个后验概率融合图，此时再通过相加取平均确定最终的显著性图。具体融合步骤如下：

第 1 步：分别用 F_i 和 B_i 代表显著性前景和背景区域，对应区域内像素点个数则用 N_{F_i} 和 N_{B_i} 表示。

第 2 步：分别计算 S_j 显著性值在前景和背景区域的分布特性，$S_j(x)$ 表示 S_j 中像素点 x 的显著性值，则显著性值在 S_j 归一化统计分布直方图中的观测似然概率如式（3-10）所示。

$$
P\left[S_j(x) \mid F_i\right] = \frac{N_{bF_i\,[S_j(x)]}}{N_{F_i}}
$$
$$
P\left[S_j(x) \mid B_i\right] = \frac{N_{bB_i\,[S_j(x)]}}{N_{B_i}}
$$

(3-10)

其中，$N_{bF_i[S_j(x)]}$ 和 $N_{bB_i[S_j(x)]}$ 分别表示显著性值为 $S_j(x)$ 的像素点 x 落在前景和背景统计直方图中的数量。

第 3 步：本章中定义 S_i 为贝叶斯先验概率，则与其对应的后验概率可以按照公式（3-11）求取。

$$
P\left[F_i \mid S_j(x)\right] = \frac{S_i(x)P\left[S_j(x) \mid F_i\right]}{S_i(x)P\left[S_j(x) \mid F_i\right] + [1 - S_i(x)]P\left[S_j(x) \mid B_i\right]}
$$

(3-11)

第 4 步：对任意选取的 S_i，分别与 S_j（$j \neq i, j = 1, 2, \cdots, 5$）对应的四个优化显著性图依次重复第 2 步和第 3 步进行概率融合，对四次两两融合的结果相加取平均，生成最终的显著性图 M_f。

上述所提算法的整体处理流程和核心公式如图 3-3 所示，可以看出，所提算法以获取显著性区域均匀显著性值为目标，通过建立多尺度超像素空间内元胞自动机优化更新机制，在各处理阶段逐步优化原始显著性图，最终生成的显著性图在均匀检测出显著性目标区域的同时，仍能有效抑制背景信息，检测结果与真值非常接近。为了更好地评测本章所提算法，针对第二章所采用的传统查准率、召回率评价标准的缺陷，引入最新的加权综合 F 值（weighted F-measure）评价指标，并基于更具挑战的 DUT-OMRON 数据库[144]，将本章所提算法与近期六种显著性检测算法和第二章所提 ISRE 算法进行详细的对比评测。

第四节
实验结果及分析

一、DUT-OMRON 数据库

DUT-OMRON 数据库是由大连理工大学卢湖川教授团队提出的，最早包含 5172 张图像的版本[48] 于 2013 年在 CVPR 国际会议上发布，基于众多学者多年使用后反馈的意见，发布者于 2016 年发布包含 5168 张图像的最新数据库版本，如图 3-5 所示，相关论文已被国际顶级期刊 IEEE Transactions on Pattern Analysis and Machine Intelligence（TPAMI）在线发表。该数据库提出的背景是，现有一些数据库包含的图像和真实环境图像相比过于简单，如果

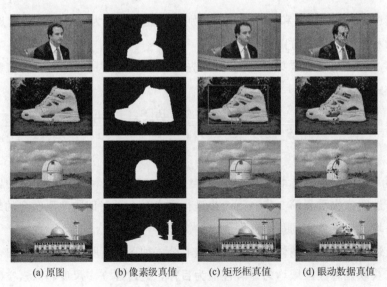

(a) 原图　　　(b) 像素级真值　　　(c) 矩形框真值　　　(d) 眼动数据真值

图 3-5　DUT-OMRON 数据库

仅针对简单数据库，已有的大量优秀算法已经很难大幅度提高，需要构建更贴近真实世界复杂环境的数据库，为后续能更深入揭示显著性检测技术中的核心问题，提供更客观和全面的对比评价平台。

具体来说，DUT-OMRON 数据库由从 14 万张图像中人工选出的 5168 张高质量图像构成，所有图像尺寸控制在 400×400 以内，图像中普遍包含一个或多个显著性目标和相对复杂的背景。该数据库同时提供了经 25 位参与者人工标注的三类真值数据：像素级真值、矩形框真值和眼动数据真值，后两者包括了五个参与者各自的标注结果，如图 3-5(c) 和（d）所示，这在同级别大型数据库中是唯一一个。与 ASD、SED2 和 ECSSD 三个数据库相比，DUT-OMRON 数据库更具挑战性，同时也为显著性算法后续研究提供了更大的提升空间。

二、加权综合 F 值评价方案

2014 年，Margolin 等[136] 从三个方面分析了现有查准率、召回率评价方案的不足之处，具体表现如下。

第一，插值计算缺陷（interpolation flaw）。现有 P-R 曲线是采用 [0，255] 之间固定阈值分割出的点，利用内插法计算出来的连续曲线，但对不同图像这些点并不是均匀分布的，仅研究 P-R 曲线上某段曲线的高低（尤其是相隔较远的点）并不能充分说明算法的准确性。如图 3-6 所示，将 FT 和 CA 两种算法的评测结果单独展示，更直观地说明传统评价方案中插值计算缺陷的影响。

从图 3-6 可以看出，基于较为简单的 ASD 和 SED2 数据库，CA 算法的 P-R 曲线只有在召回率较大（固定分割阈值较小）时才优于 FT 算法，如图 3-6(a) 和（b）所示。但在较为复杂的 ECSSD 数据库中，CA 算法的 P-R 曲线一致优于 FT 算法，如图 3-6(c) 所示。这是因为 CA 算法相较于 FT 算法，能够更好地抑制背景信息，且赋予前景显著性目标高亮度值，所以在较为简单的数据库上，不存在较强的背景干扰信息时，FT 算法可以较好地检测出前景和背景，当分割阈值较大时，会较好地区分出 FT 算法生成显著性图的背景和前景，进而获取较高的召回率和查准率。但基于较为复杂的数据库时，FT 算法受背景干扰非常明显。其整体检测性能下降明显。综合来看，CA 算法的表现应该是优于 FT 算法的，这在图 3-6(d) 基于 ECSSD 数据库的视觉对比效果中表现得也非常明显，例如对第一列小鹿图像，FT 算法误检出大量背景信息。

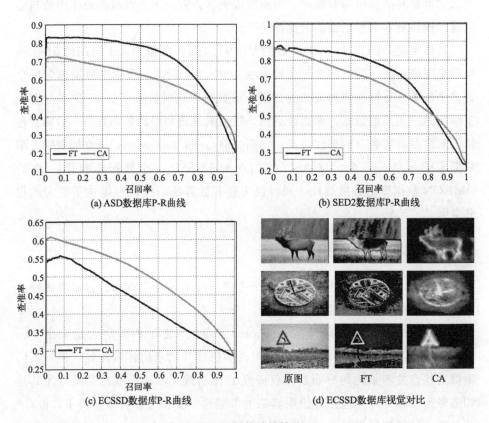

(a) ASD数据库P-R曲线　　　　　　　(b) SED2数据库P-R曲线

(c) ECSSD数据库P-R曲线　　　　　　(d) ECSSD数据库视觉对比

图 3-6　插值计算缺陷

　　第二，从属性缺陷（dependency flaw）。传统评价指标中，认为图像中每个像素点是独立存在的，没有考虑各点的从属关系，即如果检测出同样个数的匹配像素点，则评价结果都是一样的，而没有综合衡量这些像素点是集中分布于很小的区域，还是在一个较大的区域均匀分布，亦或是杂乱无章地分布，这样的评价是存在极大不合理性的。例如与图 3-7(a) 真值相对比的两种检测结果分别如图 3-7(b) 和 (c) 所示，两者检测到的像素点个数是相同的，所以传统像素点独立性评价方案会对两者的检测效果给出相同的结果。但是明显可以看出，图 3-7(c) 检测出的像素点均匀分布在真值整体区域，相较于图 3-7(b) 只检测出真值的部分区域，显然应该给予图 3-7(c) 检测算法更高的评价指标。

　　第三，同等性缺陷（equal-importance flaw）。与正确像素点类似，错误像

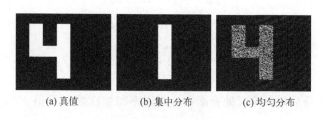

(a) 真值   (b) 集中分布   (c) 均匀分布

图 3-7　从属性缺陷

素点同样被赋予同等的地位，这样就会存在极大的局限性。对不同的错误点，距离显著性目标越近，尤其是较均匀的分布在显著性目标的边界处，则对显著性目标整体形状的描述影响不大，反之，则会严重影响检测效果。如图 3-8（b）和（c）所示，两个检测结果具有相同的错误像素点，但图 3-8(c) 的错误点较均匀地分布在显著性目标的边界附近，对真值整体的描述影响很小，相较于图 3-8(b) 显然检测效果更优。

(a) 真值   (b) 错误点较远   (c) 错误点较近

图 3-8　同等性缺陷

　　基于对传统评价方案存在缺陷的分析，Margolin 等提出了一种新的加权综合 F 值评价方案。其在传统评价方案的基础上，做了两点改进。首先，以生成的显著性图 SM 与真值 GT 的差 $E = |GT - SM|$ 代替原有遍历固定阈值的二值化分割方案，从而避免内插法带来的问题，也就是说最终用一个数值而不是曲线作为评价指标。其次，定义了矩阵 A 和向量 B，分别衡量像素点之间的依赖关系和各像素点自身的重要性。经两点改进后获取新的评价对象——误差图 E^w（error map），如式(3-12) 所示。

$$E^w = \min(E, EA)B \tag{3-12}$$

　　进而可以计算出改进后的真阳性率（true positive，TP）、假阴性率（false negative，FN）、真阴性率（true negative，TN）、假阳性率（false positive，FP），如式(3-13) 所示。

$$TP^w = (1-E^w)GT$$
$$TN^w = (1-E^w)(1-GT)$$
$$FP^w = E^w(1-GT) \tag{3-13}$$
$$FN^w = E^wGT$$

最终经改进后重新定义的查准率、召回率和加权综合 F 值 F_λ^w，如式（3-14）所示。

$$Precision^w = \frac{TP^w}{TP^w + FP^w}$$

$$Recall^w = \frac{TP^w}{TP^w + FN^w} \tag{3-14}$$

$$F_\lambda^w = (1+\lambda^2)\frac{Precision^w \times Recall^w}{\lambda^2 \times Precision^w + Recall^w}$$

其中，λ 的含义和传统评价方案一样，也是用来平衡查准率和召回率的权重，本章参考 Margolin 等给出的原始代码，将两者同等看待，即取 $\lambda=1$。

三、数据库实验及分析

为对本章所提算法做出全面评测，同时又避免与第二章评测内容过于重叠，选取最被广泛使用的 ASD 和难度最大的 DUT-OMRON 两个数据库作为评价平台，在第二章第四节两种显著性区域检测算法评价方案的基础上，引入最新的加权综合 F 值，将本章所提算法与近期六种显著性算法和本书 ISRE 算法进行对比评测，六种显著性算法分别是 GS-12、GMR-13、RBD-14、RC-15、BL-15 和 BSCA-15。

1. 视觉对比实验与分析

基于 ASD 数据库和 DUT-OMRON 数据库，不同算法检测出的视觉对比实验结果分别如图 3-9 和图 3-10 所示。

从基于两个数据库的视觉检测结果来看，不论是本章所提算法还是对比评测的算法，都较第二章的算法有了明显提高。尤其是图 3-9 中基于被广泛使用但相对简单的 ASD 数据库，各算法检测结果普遍达到了令人满意的效果，与真值差异性很小，虽然对某些图像的检测结果存在一定的背景误检（第一行图像中的树枝，第四行图像中的大海），但背景信息的显著性值较低，与前景显著性目标的区分度较明显，仅需简单的阈值设定就可以较好地分割掉背景干扰信息，实现对显著性目标整体区域的二值化提取。从图 3-9（h）和图 3-9（i）的对比效果来看，本章所提 CAMO 算法有效弥补了第二章所提 ISRE 算法对显著性目标内部检测不均匀（第二行图像中花朵内部）和丢失局部细微区域显著性值（第一行和第四行图像中人体裸露的皮肤区域）的问题，同时避免了单尺度空间 BSCA 算法受超像素分割单元影响带来的对背景信息误检测的现象，整体表现与图 3-9（j）的真值非常接近。

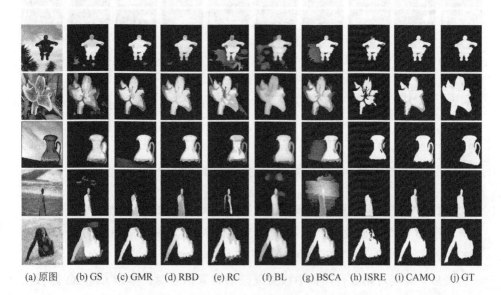

| (a) 原图 | (b) GS | (c) GMR | (d) RBD | (e) RC | (f) BL | (g) BSCA | (h) ISRE | (i) CAMO | (j) GT |

图 3-9　基于 ASD 数据库视觉对比实验结果

反观图 3-10 中各算法在包含更多复杂图像的 DUT-OMRON 数据库上的表现，受图像中多显著性目标（第一行和第四行）、极为复杂的背景信息（第三行和第五行）以及强亮度背景（第二行和第六行）等真实环境中普遍存在的干扰因素影响，各算法的检测结果都出现了明显下降，个别图像的检测结果较真值差距巨大（第三、四、五行）。但仅就当前各算法实验结果纵向对比来看，本章 CAMO 算法整体表现仍是最优的。

现就基于 DUT-OMRON 数据库的视觉对比实验结果，从三个层面对所提算法进行系统性评价，充分分析本章算法的优势和劣势。

首先，本章 CAMO 算法有效解决了第二行和第六行图像中的强亮度背景干扰，相较现有算法，很好地模拟了人类视觉对图像中局部显著性目标而非图像整体背景的感知机制。

其次，在面对第一行和第四行图像中多目标检测问题时，所提算法能够做

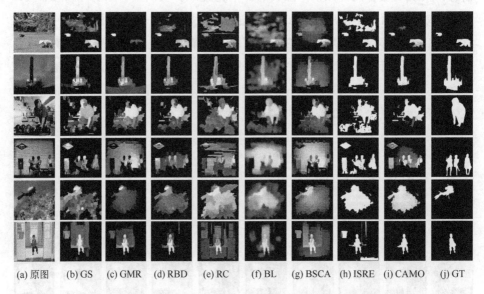

(a) 原图　(b) GS　(c) GMR　(d) RBD　(e) RC　(f) BL　(g) BSCA　(h) ISRE　(i) CAMO　(j) GT

图 3-10　基于 DUT-OMRON 数据库视觉对比实验结果

到对多目标的高显著性赋值,虽然没能准确检测出各独立目标的区域,但较现有算法已经有了明显改善,也在一定程度上符合人眼对多目标分步感知的过程。

最后,在应对第五行图像中极为复杂的背景信息时,本章 CAMO 算法虽然整体检测出了显著性目标所在区域,但并没有能够找到显著性目标潜水员与背景珊瑚之间极为相似的区分边界,误检出了较大面积的珊瑚信息,即使较现有算法检测结果有了一定提高,但从视觉上基本无法感受出与真值类似的潜水员信息,这说明所提算法模型虽然在多尺度空间对检测结果进行了优化和融合,但仍没有达到人眼对复杂场景深入感知的能力,即所提算法模型缺乏了对显著性目标潜水员信息的前期感知,如果能加入必要的前期信息,算法将更容易找到显著性目标与复杂背景的差异性,进而实现对复杂背景的排除,这正是仅基于单幅图像信息进行显著性检测无法回避的技术难题,也同时引出了本书第四章中讨论的协同显著性检测技术。

2. 定量对比实验与分析

本章引入加权综合 F 值作为评价指标,对本章所提算法做更客观的测评。需要说明的是,ISRE 算法获取的是二值化显著性图,所以参照第二章的策略,以 SF 算法检测结果为模板,映射出 ISRE 模型的灰度显著性图 ISREM。

各评价指标的实验结果依次是：P-R 曲线、ROC 曲线、AUC 值、MAE 值、综合 F 值和加权综合 F 值。

（1）P-R 曲线和 ROC 曲线

本章各评测算法基于 ASD 和 DUT-OMRON 数据库的 P-R 曲线和 ROC 曲线分别如图 3-11 和图 3-12 所示。

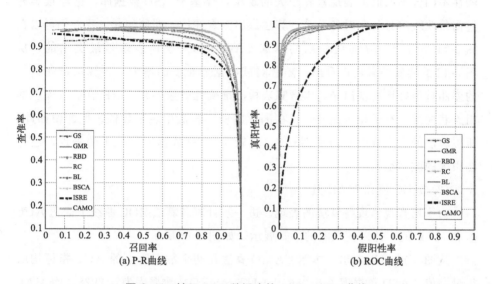

图 3-11　基于 ASD 数据库的 P-R、ROC 曲线

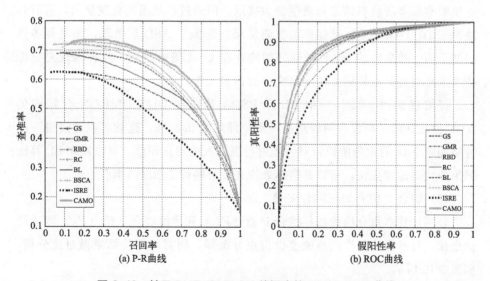

图 3-12　基于 DUT-OMRON 数据库的 P-R、ROC 曲线

从图 3-11 实验结果可以看出，除了 2012 年提出的 GS 算法和本书 ISRE 算法表现较差外，其余算法的 P-R 曲线和 ROC 曲线均已经呈交织状态聚集于非常接近最优表现的区间，不同算法在建立显著性计算模型时，有的更倾向于突显显著性目标区域，而有的会加强对背景的抑制，这就会造成各算法模型对分割阈值更加敏感，所以通过遍历固定阈值的分割评价策略，势必会带来各算法在不同分割阈值下表现差异较大的现象，仅基于 ASD 数据库，已经很难通过衡量曲线趋势分布对各显著性算法做出客观评价。即便如此，我们仍可以在图 3-11 中看出，以加粗显示的本章 CAMO 算法整体表现是最突出的。从图 3-12 的实验结果可以看出，随着测试数据库难度的增大，各算法检测结果的差距被很好地展现出来。本章算法检测准确性较第二章 ISRE 算法（黑色加粗点状曲线）有了显著提升，且在测评的所有算法中表现最佳。但即便如此，所提算法的最大查准率仍不到 0.8，相较于 ASD 数据库接近 1 的表现，还存在很大的改进空间。

（2）AUC 值和 MAE 值

为了更直观体现各算法的表现，进一步计算各算法 ROC 曲线下面积 AUC 值和 MAE 值，并以柱状图的形式展示，如图 3-13 所示。

从图 3-13 可以看出，本章 CAMO 算法在两个数据库上的 AUC 指标均取得最高值，ASD 数据库为 0.9865，DUT-OMRON 数据库为 0.8928，而 MAE 指标均取得最低值，ASD 数据库为 0.0377，DUT-OMRON 数据库为 0.1325，这说明本章算法检测结果与真值最为接近。但通过柱状图的直观显示，所有算法基于 DUT-OMRON 数据库的检测结果均远低于 ASD 数据库，尤其是各算法基于两个数据库的 MAE 指标之间均存在 2~4 倍的差距，这种表现充分说明了未来对显著性检测算法的研究还有很多工作要做。

仔细观察图 3-13（a）中 BL 和 BSCA 算法在 DUT-OMRON 数据库的 AUC 值柱状图，会发现两者高度一致，即均是 0.8799，这就可以通过进一步考察如图 3-14 的积分曲线，对两者进行更深入的对比评价，可以发现 BL 算法结果的收敛速度更快，所以其整体表现还是要略优于 BSCA 算法。

（3）综合 F 值和加权综合 F 值

分别计算本章介绍的加权综合 F 值（F_λ^w）和传统综合 F 值（F_λ）两项评价指标，对各算法的检测准确度做出更好衡量，同时对评价结果做对比分析，如图 3-15 所示。

观察图 3-15(a) 和（b）可以发现，采用加权综合 F 值的评价结果相较于

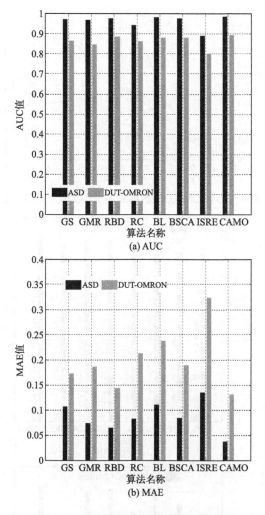

图 3-13　AUC 和 MAE 计算结果柱状图

传统综合 F 值均有所下降，这说明改进了像素点从属性和同等性缺陷后，新的衡量标准能够更真实反映显著性图每个像素点与真值图相应像素点之间的关系，所得到的评价指标更具说服力。从柱状图整体分布来看，本章 CAMO 算法在新的评价指标和传统评价指标中均优于对比评测算法，这也说明虽然加入了约束条件，但不影响对算法检测结果真实性能的客观评价。

　　为充分说明本章研究工作的贡献，将本章 CAMO 算法和第二章 ISRE 算法各评价指标在表 3-1 中做全面对比。

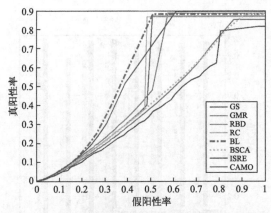

图 3-14　基于 DUT-OMRON 数据库的 ROC 积分曲线对比实验结果

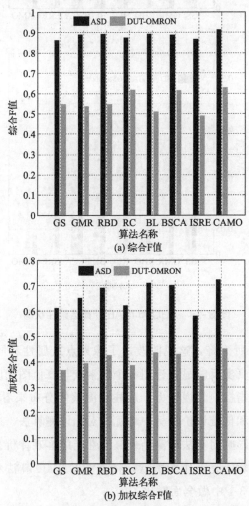

(a) 综合F值

(b) 加权综合F值

图 3-15　综合 F 值和加权综合 F 值对比柱状图

表 3-1　CAMO 算法与 ISRE 算法的全面比较结果

	AUC		MAE		F_λ		F_λ^w	
	ASD	DUT	ASD	DUT	ASD	DUT	ASD	DUT
CAMO	0.9865	0.8928	0.0377	0.1325	0.9143	0.6314	0.7237	0.4513
ISRE	0.8918	0.8036	0.1367	0.3247	0.8704	0.4924	0.5813	0.3417
改进百分	10.6%	11.1%	72.5%	59.2%	28.2%	28.2%	24.5%	13.2%

从表 3-1 可以看出，本章工作相对于第二章工作有了质的提升，对简单图像 ASD 数据库 MAE 指标提升了 72.5%。受多尺度分割和融合计算过程的影响，在 2.4.3.3 节同一台计算机上本章 CAMO 算法的执行效率为 0.351s/张，较第二章算法耗时有所增加，但综合整体评测结果来看，本章算法整体优势明显，能够很好地完成常见真实环境图像的显著性目标检测任务。

3. 真实场景对比实验

为更好地与 ISRE 算法获得的二值化显著性图做视觉对比，利用式(3-18)计算出的自适应阈值对 CAMO 算法检测结果进行二值化分割，最终提取结果如图 3-16 所示。

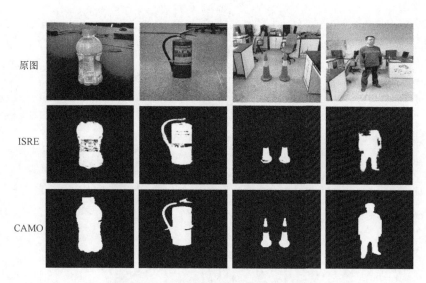

图 3-16　真实场景图像显著性提取结果

从图 3-16 中可以看出，第三行本章 CAMO 算法的提取效果较第二行

ISRE 算法有了明显提高，能够实现对人体裸露皮肤等显著性目标局部细微区域的有效提取。但是因为缺乏足够的显著性目标先验信息，对类似第三列路障整体外形缺少必要提示性信息，虽然采用了多尺度融合等优化策略，检测出了与路障底部特征一致的顶部区域，可当遇到需要对路障中部具有独立特征的高亮度区域进行精准检测任务时，现有单幅图像显著性检测技术基本无法找到其与路障底部和顶部之间的联系性特征，也很难将其与背景中极为相似的高亮度区域划分出界线。类似于极端复杂背景下潜水员检测问题的描述，对仅依靠单幅图像信息无法抽取显著性目标完整特征的难题，可建立包含共同显著性目标的多幅图像，利用协同显著性检测技术，在有效利用单幅图像显著性信息的同时，依靠图像间显著性传播关系，实现对共同显著性目标的准确提取，这将是下一章重点研究的问题。

基于引导传播和流形排序的协同显著性检测方法研究

前文介绍了基于单幅图像显著性检测的研究工作，实现了模拟人类视觉注意机制的图像显著性区域检测和提取，但受单幅图像可提供必要性信息不足的限制，单幅图像显著性检测算法尚无法有效应对极端复杂背景干扰和多目标中定向目标检测等更高一级的图像理解任务。由此延伸出了群组图像协同显著性检测技术，其在大量相关图像信息理解、连续视频序列分析等领域有着良好的应用前景，目前是计算机视觉领域新的研究热点问题之一。本章在已有单幅图像显著性检测模型研究基础上，发掘群组图像间共同显著性内在联系，采用图像间显著性传播和图像内流形排序相结合的方式，构建了基于两阶段引导的协同显著性检测模型，在对生成的显著性图进行二值化分割和 RGB 颜色映射后，可直接实现对彩色图像的分割提取。

第一节
引言

在大数据时代背景下，伴随信息化快速发展，推动了互联网图像搜索、图像加密与识别、视频序列内容理解等大量新兴图像处理技术的广泛应用，仅局限于单幅图像的信息处理技术越来越无法满足多样化的视觉处理任务需求。近年来，在对单幅图像显著性检测技术深入研究的同时，与协同分割技术由单幅图像分割技术发展而来相似，以现有显著性检测模型为基础，学者们针对群组图像中共同显著性目标检测问题，提出了协同显著性检测技术。受人类视觉系统会在感受野前端筛选出最感兴趣信息、有选择性地传递给大脑皮层进行深层次理解的认知机制启发，协同显著性检测的目标是检测出群组图像中共同的显著性物体（可以存在少量不包含共同显著性物体的干扰图像），去除背景和非共同显著性物体等不重要背景信息，作为降低计算复杂度的有效预处理步骤，为后续大规模图像或视频处理任务保留和提供最有用信息。

2010 年，文献［57］和［63］先后较为系统地提出了协同显著性检测概念，并通过约束只在一幅图像中出现的显著性区域，构建了适用于两幅图像间共同显著目标检测的算法模型，虽然两项工作不论是对协同显著性概念的定义还是对计算模型的构建都处于摸索和起步阶段，但为显著性检测技术更深层次研究与应用提供了极为新颖的思路。从 2013 年以后，协同显著性检测技术引起了大量相关研究人员的关注，在将处理对象从两幅图像扩展到多幅图像的同时，基于自底向上（bottom-up）、基于融合（fusion-based）和基于学习（learning-based）三种不同思考策略，陆续提出了很多优秀的算法模型。以协同显著性检测技术生成的协同显著性图作为初始化模板，能有效代替人工标注输入，在图像与视频协同分割[137]、物体协同定位[138]、弱监督学习[139]等计算机视觉领域取得了广泛应用。

本章从群组图像间的协同显著区域首先要满足单幅图像显著性，即协同显著性区域应看作是从各单幅图像内部显著区域子集的定义出发，以本书第三章所提单幅图像显著性 CAMO 算法生成的显著性图为基础，深入挖掘群组图像中各单幅图像间显著性传播机理，并利用图像内流形排序优化策略，建立了两阶段引导（two stage guiding，TSG）协同显著性检测算法模型。为降低计算复杂度，首先在所提算法模型前端对群组图像做像素级到超像素级的预处理操作，即将 CAMO 算法生成的显著性图做超像素分割后，以超像素为单元提供给后续处理步骤。随后依次选取 N 张群组图像中每一张图像作为独立单元，与组内其余 $N-1$ 张图像依次组成成对图像，通过计算成对图像间共同相似性属性确定该图像的 $N-1$ 张初始协同显著性图；进而在 $N-1$ 张初始显著性图内部进行流形排序，以排序值作为新的显著性值，获取 $N-1$ 张优化协同显著性图；最后通过贝叶斯概率融合方法，有效融合 $N-1$ 张优化协同显著性图，生成最终的协同显著性图。对群组内每一幅图像重复上述步骤即可获得组内所有图像的协同显著性图。

第二节
基于流形排序的显著性计算方法

流形是来自微分几何的一个空间概念，其局部具有欧氏空间性质。经流形学习获取的排序模型能够深入挖掘隐藏在图像数据中的有价值信息，相关方法早期主要应用于图像检索领域。Zhang 等采用建立流形排序模型中已标记查询节点与未标记节点间关联度方程，实现对两者间关联度信息准确描述的思路，分别将图像中背景超像素单元和目标超像素单元作为查询节点对其余超像素单元进行流形排序，以流形排序值作为各超像素单元的显著性值，完成对单幅图像的显著性检测。下面简要介绍该方法的具体实现过程。

一、流形排序

基于数据集内部流形结构的排序问题最早由 Zhou 等于 2004 年提出，设定一个数据集 $X = \{x_1, x_2, \cdots, x_n\} \in \mathbf{R}^{m \times n}$，$n$ 为数据个数，其中一部分标记为查询数据，m 是特征维数。定义一个排序方程 $f: X \to \mathbf{R}^n$，每个 f_i 的值作为对应数据点 x_i 的排序值，f 可以表示为一个向量 $\boldsymbol{f} = [f_1, \cdots, f_n]^T$。为消除非查询数据的影响，同时定义一个标签向量 $\boldsymbol{y} = [y_1, \cdots, y_n]^T$，当 x_i 为查询数据时 $y_i = 1$（排序解不变），否则 $y_i = 0$（排序解为 0）。流形排序具体实现过程如下。

第 1 步：首先对原始图像建立图结构，即将原始图像以超像素为节点定义为图模型 $G(V, E)$，V 表示节点集合，E 代表边的集合，边的权重定义为矩阵 $\boldsymbol{W} = [w_{ij}]_{n \times n}$。计算图模型 G 的度矩阵 $\boldsymbol{D} = \mathrm{diag}\{d_{11}, \cdots, d_{nn}\}$，其中 $d_{ii} = \sum_i w_{ij}$，则给定超像素查询节点的排序值转化为式(4-1) 的最优化求解问题。

$$f^* = \underset{f}{\arg\min} \frac{1}{2} \left(\sum_{i,j=1}^n w_{ij} \left\| \frac{f_i}{\sqrt{d_{ii}}} - \frac{f_j}{\sqrt{d_{ii}}} \right\|^2 + \mu \sum_{i=1}^n \|f_i - y_i\|^2 \right) \quad (4\text{-}1)$$

其中，μ 是控制第一项平滑项和第二项数据项的权重参数。

第 2 步：将式(4-1) 求导，并令其为 0，得到最优解 f^* 的解析表达式如式(4-2) 所示。

$$f^* = (\boldsymbol{A} - \alpha \boldsymbol{S})^{-1} \boldsymbol{y} \quad\quad\quad (4\text{-}2)$$

其中，$\boldsymbol{A}$ 是单位矩阵，$\boldsymbol{S} = \boldsymbol{D}^{-1/2} \boldsymbol{W} \boldsymbol{D}^{-1/2}$ 是一个对 $\boldsymbol{W}$ 归一化处理后的拉普拉斯对称矩阵，$\alpha = 1/(1 + \mu)$。

第 3 步：将求解到的排序值作为对应超像素单元的显著性值，得到流形排序下的显著性图。

下面详细介绍 Zhang 等提出的图模型构建和流形排序显著性检测方法。

二、图模型建立

如前所述，利用流形排序进行显著性检测时，需要建立原始图像的图模型，并制定显著性种子点（查询节点）的选取规则，进而通过流形排序值衡量图像不同区域的显著性差异。图模型结构如图 4-1 所示。

从图中可以看出，利用 SLIC 算法将原图像分割为 200 个超像素单元，以超像素为图 G 中的节点，空间邻近的节点特征和显著性值更加相似，据此利

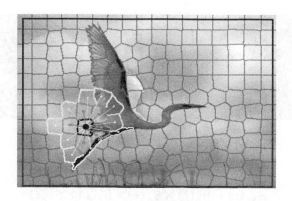

图 4-1　图模型

用 k 正则图（k-regular graph）来构建空间节点的连接信息。如图 4-1，每个节点（黑色）不仅和空间上紧接的节点（绿色）相连，还与邻接节点共同边界的节点（黄色）相连，同时将位于图像上下左右四个边界的所有节点（蓝色矩形框）相连，边界相邻两个节点之间边的权重定义如式（4-3）所示。

$$w_{ij} = \exp\left(-\frac{\|c_i - c_j\|}{\sigma^2}\right) \tag{4-3}$$

其中，$\|c_i - c_j\|$ 代表超像素 i 和 j 在 Lab 颜色空间中的均值，σ 是控制权重强度的参数。

三、显著性检测

通过分两步对图模型进行流形排序，确定显著性区域的显著性值。第一步采用边界先验，即主要考虑背景特征。分别选取图像上（top）下（down）左（left）右（right）四个边界处的超像素单元为背景查询节点。以左边界为例，此时，标签向量 y 中，左边界节点对应位置为 1，其他位置为 0，利用此标签向量通过求解式（4-2）可以计算出所有节点的排序值 f^*，则超像素节点 i 的显著性值如式（4-4）所示。

$$S_l(i) = 1 - \overline{f^*}(i) \tag{4-4}$$

其中，$\overline{f^*}(i)$ 为归一化到 [0，1] 区间的节点 i 的流形排序值。同理求出以其余三个边界节点为查询节点的显著性值 $S_t(i)$、$S_d(i)$、$S_r(i)$。将四个边界的结果以乘法策略合并，确定第 1 步边界先验显著性图 S_{bg} 见式（4-5），结果如图 4-2(a) 所示。

(a) 边界先验　　　　　　　　(b) 前景先验

图 4-2　两步流形排序显著性图结果

$$S_{bg}(i)=S_t(i)\times S_b(i)\times S_l(i)\times S_r(i) \tag{4-5}$$

第 2 步采用第 1 步获取的显著性前景目标自身作为先验信息，确定查询节点。即以显著性图 S_{bg} 中显著性值的均值为分割阈值，确定显著性目标前景区域，以区域内超像素单元作为查询节点，进而确定标签向量 y，并求解式(4-2)得到超像素节点 i 的流形排序值，获取前景先验显著性图 S_{fq} 见式(4-6)，结果如图 4-2(b) 所示。

$$S_{fq}(i)=\overline{f^*(i)} \tag{4-6}$$

从图 4-2(b) 所生产的显著性图来看，基于流形排序的显著性检测方法可以较好地突显出显著性物体区域，充分说明了以流形排序方法进行显著性检测的可行性，后续一些研究者还针对边界先验的不足，提出了从不同的图模型构建和背景查询节点筛选方法入手的改进方案[140]，对流形排序在显著性检测技术中的应用做了进一步完善。

第三节
协同显著性算法模型

协同显著性检测技术在应对群组图像中共同显著性物体检测任务的同时，还能妥善处理传统显著性检测算法在图像中具有极端复杂背景或多目标时无法解决的复杂情况。算法效果对比如图 4-3 所示。

第一行是原始图像，第二行是本书 CAMO 算法检测结果，第三行是本章 TSG 协同显著性算法检测结果，第四行是真值。当传统的针对单幅图像的显著性算法面对类似第二列图像背景非常复杂，第四、五列图像存在多个显著性

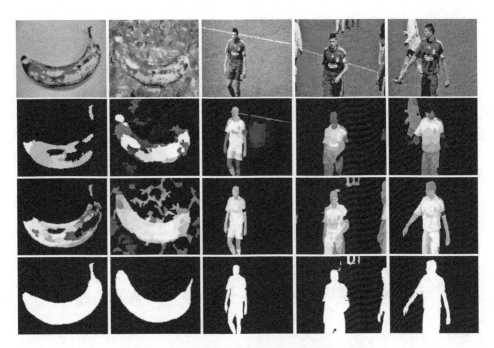

图 4-3　TSG 算法与 CAMO 算法效果对比图

目标等挑战时，从第二行对应检测结果可以看出，即使经前文实验验证过的较为优秀的 CAMO 算法，其检测结果较真值仍存在较大误差。在协同显著性检测技术框架下，本章 TSG 算法通过构造两阶段引导策略，实现了面向群组图像的协同显著性检测，检测结果与真值更为接近，如第三行检测结果所示。

　　本章所提 TSG 算法是以现有单幅图像显著性检测结果为基础，通过构建图像间显著性传播关系和图像内流形排序的两阶段处理模型，实现对群组中协同显著性目标的检测与提取，所提算法模型整体框架如图 4-4 所示，具体处理过程包含如下五大步骤。

　　第 1 步：对输入的 N 张群组图像进行预处理，即在已有显著性算法能够获取群组图像显著性区域初始先验信息的前提下，将像素级的计算降低到超像素级，以保障整体算法的执行效率，也就是利用 SLIC 算法对 CAMO 生成的显著图进行超像素分割，以单元内所有像素点显著性值的平均值作为每个超像素单元的初始显著性值。

　　第 2 步：任意选取群组图像中一幅图像，与组内其余图像依次构建成对图像间显著性传播规则，获取该图像与组内其余图像两两间的 $N-1$ 张初始协同

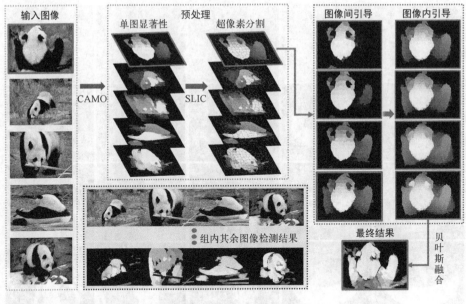

图 4-4　TSG 算法框架

显著性图。

第 3 步：利用高效流形排序（Efficient Manifold Ranking，EMR）算法[141]优化 Step 2 的结果，生成 $N-1$ 张优化协同显著性图。

第 4 步：将 $N-1$ 张优化协同显著性图利用贝叶斯概率融合策略融合生成最终的协同显著性图。

第 5 步：对群组内其余所有图像，依次重复上述求解策略，完成对所有图像的协同显著性检测。

鉴于第 4 步是直接使用前文的融合策略，第 5 步是重复操作，本章就不再赘述。下面将对算法的前三个主要步骤做详细介绍。

一、输入图像预处理

利用本书 CAMO 算法生成 N 张输入群组图像的初始显著性图，将其定义为一个图像集合 $\{I_n\}_{n=1}^{N}$，随后利用 SLIC 算法将每幅初始显著性图分割成 K_n 个超像素，每个超像素单元定义为 $i(i=1,\cdots,K_n)$，则各超像素单元的初始显著性值为 $S_o^n(i)$。在 LAB 颜色空间中，用 c_i^n 和 p_i^n 分别代表各超像素单元的颜色值和位置矢量。

数字图像视觉显著性检测、
修复与目标识别技术

如图 4-4 所示，在预处理单元，受显著性目标熊猫自身较大的黑白相间差异和图像中较为复杂的背景影响，在缺少显著性目标足够先验信息的情况下，单幅图像 CAMO 算法所生成的显著性图未能完整检测熊猫身体区域。因此，本章在已有初始显著性图的基础上，从协同显著性检测角度出发，提出对初始显著性图进行基于图像间显著性传播和图像内流形排序的两阶段引导方法，以达到突显群组图像间共同显著性目标完整区域的检测效果。

二、图像间显著性传播

在输入的 N 张群组图像中，任意选取其中一幅图像作为被引导图像，定义为 n_t，其余 $N-1$ 张图像依次作为引导图像，定义为 $m_t(m=1,\cdots,N,m\neq n)$，通过依次计算被引导图像 n_t 中每个超像素单元与引导图像 m_t 中所用超像素单元的颜色相似性值，得到被引导图像的初始协同显著性图 S_{inter}，具体规则如式(4-7) 所示。

$$S_{inter}^{m\to n}(i)=g_n(i)*\frac{\sum_{j=1}^{K_m}\exp(-\alpha\|c_i^n-c_j^m\|_2)S_o^m(j)}{\sum_{j=1}^{K_m}\exp(-\alpha\|c_i^n-c_j^m\|_2)} \tag{4-7}$$

式中，$\exp(-\alpha\|c_i^n-c_j^m\|_2)$ 代表 n_t 中的超像素单元 i 与 m_t 中的超像素单元 j 之间的颜色相似性，α 取经验值 10。$g_n(i)$ 代表中心位置约束，用来增强被引导图像 n_t 中心位置区域超像素单元的显著性值，表示如式(4-8) 所示。

$$g_n(i)=\exp(-\|p_i^n-p_c^n\|_2^2/\sigma_1^2) \tag{4-8}$$

其中，p_c^n 代表 n_t 的中心位置；标准偏差 σ_1 设定为输入图像边长的三分之一。

参照图 4-4 说明具体的处理过程。以输入端红色边框内的熊猫图像为被引导图像，其余四张熊猫图像依次作为引导图像，依次衡量被引导图像和不同引导图像之间进行显著性传播关系，分别获取右侧倒数第二列红色边框内被引导图像的四幅初始协同显著性图。通过观察可以发现，经图像间引导生成的四幅初始协同显著性图能依据不同引导图像自身显著性值分布情况，有侧重地突显被引导图像中熊猫身体各个部分的显著性值。以输入端第五行图像作为引导图像时为例，因为其自身显著性图的显著性值较高（较亮），所以当它作为引导图像时，如图 4-4 中右侧第二列第四行的初始协同显著性图所示，相较其他引导图像，能够赋予被引导图像中熊猫手部和耳部等黑色区域更高的显著性值，但同时也抑制了头部和颈部等白色区域的显著性值。为了有效解决图像间引导受引导图像自身影响，造成被引导图像所生成的协同显著性图显著性值分布不均衡问题，并进一步抑制背景干扰，在四幅初始协同显著图内部进行流形排序，获取优化的协同显著性图。

三、图像内流形排序

1. 改进 EMR 流形排序算法

基于流形排序的思路，设计了以初始协同显著性图为处理对象的流形排序显著性值优化方法。为了获得更加准确和高效的排序值，本章选取 EMR 算法代替传统的 MR 流形排序算法，并对 EMR 算法中的聚类规则做了改进。

EMR 算法的核心是利用流形分布结构假设，在数据之间学习一个排序函数，为每个数据点映射一个排序值，排序值的高低代表数据点与查询节点的相关程度。EMR 算法以基于驻点图的图构建模式对 MR 算法进行了重要改进，有效提升了算法执行效率。具体实施方案如下。

在图像内排序阶段，设参与排序的所有图像总的超像素集合为 $\chi = \{x_1, x_2, \cdots, x_n\}$，超像素数据用其 LAB 空间的特征向量表示。在原始 EMR 算法中，利用 K-means 算法[142] 对所有超像素单元进行聚类，为避免人为预设聚类数目的随机性影响，本章利用仿射传播聚类（affinity propagation clustering，APC）[143] 代替传统 K-means 算法，APC 算法不需要人为设定聚类数目，而是将所有超像素定义为潜在可能的聚类中心，利用贪心策略对每一个超像素单元的吸引度和归属度进行不断迭代更新，最后依据超像素间的相似性自适应产生若干聚类中心。随后将各聚类中心定义为驻点的集合 $U = \{u_1, u_2, \cdots, u_d\}$，其中 d 为 APC 算法确定的聚类中心数量，进而连接每一个超像素数据 x_i 与其最邻近的 $s (s < d)$ 个驻点，由式(4-9) 定义的权值 z_{ki} 得到一个权值矩阵 $Z_{d \times n}$。

$$z_{ki} = \frac{K\left(\frac{|x_i - u_k|}{\lambda_i}\right)}{\sum_{l=1}^{d} K\left(\frac{|x_i - u_l|}{\lambda_i}\right)} \qquad (4-9)$$

式中，$K(\cdot)$ 是 Epanechnikov 核函数，见式(4-10)，平滑参数 $\lambda_i = |x_i - u_{[s]}|$，$u_{[s]}$ 是与 x_i 距离第 s 近的驻点。

$$K(t) = \begin{cases} \frac{3}{4}(1 - t^2), & |t| \leqslant 1 \\ 0, & \text{其他} \end{cases} \qquad (4-10)$$

基于上述图构建模式，重新求解式（4-1）的最优解 f^* 如式（4-11）所示。

$$f^* = \left[A_n - H^{\mathrm{T}} \left(HH^{\mathrm{T}} - \frac{1}{\alpha} A_d \right)^{-1} H \right] y \qquad (4\text{-}11)$$

其中，$H = ZD^{-\frac{1}{2}}$，A_n 和 A_d 是 n 维和 d 维的单位矩阵，其余参数与式（4-2）中定义相同。经驻点图模型构建后，式（4-11）的求解过程是以数据（超像素单元）与邻近驻点之间建立查询排序关系，代替了原图模型下式（4-2）数据与数据之间的查询关系，有效解决了协同显著性检测任务从单幅图像扩展到多幅图像所带来的数据计算复杂度问题，保障了最终协同显著性检测的执行效率。

2. 查询节点选择

将每一幅初始协同显著性图存储为一个向量 y_i。为获得更好的分割效果，与文献［35］采用显著性值的均值为分割阈值不同，本章利用 Otsu 算法[146]对初始协同显著性图进行二值化分割得到 $\hat{y}_i$，进而定义式（4-11）中的查询向量 y 如式（4-12）所示。

$$y = \left[\hat{y}_1 ; \hat{y}_2 ; \cdots ; \hat{y}_{N-1} \right] \qquad (4\text{-}12)$$

即将二值化为"1"（显著性目标区域）的超像素单元都当作协同显著性区域的查询节点，将 y 代入式（4-11）计算出排序结果，并用排序值 f^* 更新初始协同显著性图的显著性值，生成基于图像内流形排序的优化协同显著性图 S_{intra}。

图像内流形排序的具体实施过程如图 4-4 最右侧一列红色框内图像所示。可以看出，该阶段的主要作用是尽可能找到协同显著性目标的完整区域，并对整体区域赋予高显著性值。将前景显著性目标区域作为查询节点，最大程度地利用了每一幅图像内部的所有显著性信息，从图中检测结果来看，经流形排序优化后，生成的四幅协同显著性图均能较为完整地突显出熊猫的整体区域，尤其是对第一阶段表现较差的第一行和第二行图像，成功恢复出了熊猫黑色手臂和耳朵的显著性信息。

在对四幅优化协同显著性图进行整合时，为尽可能保留每幅图像各自的优势，避免 $\{+, \times, \max, \min\}$ 等简单合并策略对有价值信息的被动取舍，本章仍采用贝叶斯概率融合策略生成最终的协同显著性图，融合结果如图 4-4 右下角红框内图像所示。可以看出，最终的协同显著性图完整检测出了自身黑白差异很大的显著性目标熊猫，虽然误检了少量位于手部附近的背景信息，但背景信息的显著性值远小于显著性目标，基本不影响后续分割、识别、缩放等深层次的图像处理任务。对组内其余图像，采取同样的求解策略，可以依次获取各图像的协同显著性图，如图 4-4 中部最下面一行所示。通过视觉观察，整体检测效果均较为满意。

需要指出的是，本章所提基于现有显著性检测结果的两阶段引导协同显著性检测模型并不局限于某一种显著性检测算法，即所提模型最大的贡献在于为现有显著性检测算法有效应对协同显著性检测任务提供了高效的指导方案。选用本书 CAMO 算法首先是为了更好说明整体研究工作的连续性，其次也是为了将最优的前期显著性检测结果提供给协同检测模型，保证最终协同显著性检测结果最优化，本章将在实验环节对不同显著性模型的表现做整体论证。同时为了更加公平地衡量所提算法模型的优势，在适用于协同显著性算法评测的 iCoseg[144] 和 MSRC[145] 两个数据库中与五种协同显著性算法做纵向对比评测，并对所提算法模型的核心参数和执行效率进行讨论。

第四节
实验结果及分析

一、协同显著性数据库

依据协同显著性检测任务的定义，衡量协同显著性检测算法的数据库应该由多组包含各自共同显著性目标的群组图像构成。本章选择目前被研究者经常使用的 iCoseg 和 MSRC 两个标准数据库进行对比实验。iCoseg 数据库包含 38 组数据，每组含 4 到 41 张不等的协同图像，总计图像数量为 643 张，如图 4-5 (a) 所示，大部分图像包含复杂的背景（大象组图像）和多个协同显著目标（僧侣组图像）。MSRC 数据库包含 8 组数据，每组含 30 张共 240 张图像，但其中包含草地图像的一组图像没有协同显著特征，所以只使用其中的 7 组、共 210 张图像，如图 4-5(b) 所示，该图像库的特点是各图像中显著目标自身颜色和形状（汽车组图像）非常多样化。两者都是目前公认极具挑战、但又有各自特色的协同显著性算法测试数据库。

二、定性和定量对比实验

协同显著性检测是以一组图像为单位进行的，以 MSRC 数据库为例，共

大象

僧侣

史前巨石柱

(a) iCoseg数据库

汽车

人脸

(b) MSRC数据库

图4-5 两个标准协同显著性数据库原图像

包含 7 组数据,每组 30 张,总计 210 张图像。在进行评价时,是对数据库中 7 组图像依次进行协同显著性检测,每组生成 30 张协同显著性图,最后获得总计 210 张协同显著性图。针对单幅图像显著性检测的定性与定量两种方案,对协同显著性检测算法进行评价。按照算法提出时间先后顺序,选取 CBCS-13、SACS-14、HS-14、ESMG-15、CDR-15 五种协同显著性算法与本章所提 TSG 算法进行对比实验与评价。

1. 视觉定性对比实验

基于 iCoseg 和 MSRC 两个数据库的直观视觉定性检测效果评价实验结果分别如图 4-6(a) 和 (b) 所示。

如图 4-6 所示,与单幅图像显著性算法相对简单的图像检测任务不同,协同显著性检测面临的主要挑战从视觉效果上被非常直观地反映出来。具体包括:iCoseg 数据库中,存在多个协同显著目标且显著目标亮度远低于背景

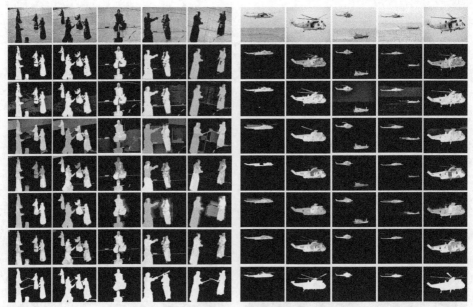

(a) 基于iCoseg数据库的视觉对比实验结果

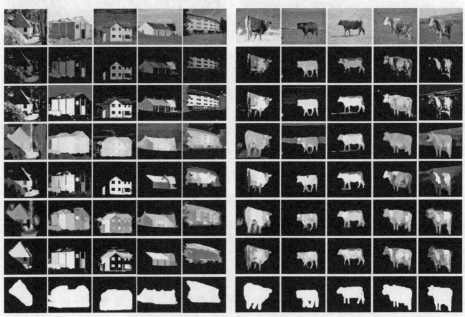

(b) 基于MSRC数据库的视觉对比实验结果

图 4-6　在 iCoseg 和 MSRC 数据库上现有算法与 TSG 算法和真值视觉对比实验

从上至下，第 1 行和最后一行分别为原始输入图像组和真值，第 2 到 7 行依次为
CBCS、SACS、HS、ESMG、CDR 和本书 TSG 算法的检测结果

数字图像视觉显著性检测、
修复与目标识别技术

（如剑道组图像）或存在干扰目标（如直升机组第三、四列图像中的船只）；MSRC 数据库中，协同显著目标形状极不规则（如房屋组图像）或协同显著目标自身局部颜色不一致（如牛组第五，六列图像中牛身上的花斑）。

分析各算法的检测结果，现有五种协同显著性算法可以检测出协同显著性目标的整体轮廓，但在应对上述挑战时表现不够优秀。总体来看，比较明显的共性不足主要集中在对直升机组图像中非协同显著目标船只的误检，和对房屋组图像复杂建筑物形状区域的漏检。较突出的个体算法不足包括：第二行 CBCS 算法赋予显著性目标显著性值较低（颜色暗），如图 4-6(b) 中房屋组结果；第三行 SACS 算法和第四行 HS 算法对背景干扰的抑制效果较差，如图 4-6(a) 中剑道组结果；第五行 ESMG 算法检测出的显著性值分布不均匀，丢失了大量显著性信息，如图 4-6(b) 中房屋组结果；第六行 CDR 算法误检出显著性目标邻近背景信息，如图 4-6(a) 中剑道组第三、四、五列图像检测结果。从视觉检测效果来看，图 4-6(a) 和 (b) 中第七行本章 TSG 算法表现最为优异，解决了直升机组图像中非协同显著目标船只的干扰问题，虽然在应对房屋组图像中个别极不规则显著目标区域时，仍存在漏检现象和显著性值分布不均的问题，但整体视觉效果与最后一行真值基本保持一致。

2. 定量对比实验

仅通过观察几组检测结果并不能全面说明算法模型的有效性，本章进一步采用单幅图像显著性算法的统计方法对所提算法进行定量验证。为了更加全面地评价查准率和召回率，本章用 [0，255] 固定阈值分割的综合 F 值曲线代替了自适应阈值分割计算出的唯一综合 F 值。具体的评价指标包括：P-R 曲线、F-measure 曲线、ROC 曲线、AUC 值、MAE 值、加权综合 F 值，下面将依次给出各评价指标的实验结果并做针对性的评价。

（1）P-R 曲线和 F-measure 曲线

基于 iCoseg 和 MSRC 数据库的各协同显著性算法的 P-R 曲线和 F-measure 曲线如图 4-7 所示。

从图 4-7 可以看出，本章所提算法在两个数据库上各阈值分割阶段的 P-R 曲线均表现最优，而在 F-measure 曲线中受权重系数 $\lambda^2 = 0.3$ 的影响，在个别阈值处表现略低于其他算法，但整体表现仍然最佳，充分说明了所提算法模型能更加精确地检测出协同显著性目标，且对各类协同显著性图像保持稳定的检测效果。

同时对现有五种协同显著性算法的表现进行分析，可以发现，受自身模型

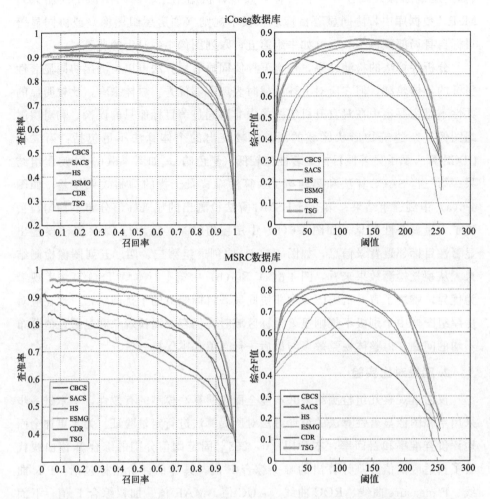

图 4-7　在两个数据库上的 P-R 曲线和 F-measure 曲线对比实验结果

侧重点影响，各算法在两个数据库上的表现存在一些差异。首先从 P-R 曲线指标来看，ESMG 算法在 iCoseg 数据库表现较为优异，但在 MSRC 数据库上的表现则最差，这是因为 ESMG 算法在面对形状复杂的显著性目标时，会漏检大量显著性信息，而 MSRC 数据库的特点就是包含大量形状极不规则的显著性目标，这和图 4-6(b) 中房屋组视觉评价结果是一致的。其次从 F-measure 曲线可以看出，与其他算法曲线在分割阈值 150 附近取得最高值不同，CBCS 算法曲线在分割阈值为 50 附近即达到最高值，其后随着分割阈值的增加，F-measure 值迅速下降，这说明 CBCS 算法没能很好地突显出显著性目标，即赋予显著性目标的显著性值过低，这与其视觉检测结果（图 4-6 中第二行）整体偏暗的表现是一致的。

（2）ROC 曲线和 AUC 值

将协同显著性目标定义为前景，将非协同显著性目标和背景同时定义为背景，则可以将协同显著性检测看作是对前景和背景的二分类问题，进而可以通过 ROC 曲线和 AUC 值评述协同显著性检测模型的性能，实验结果分别如图 4-8 和图 4-9 所示。

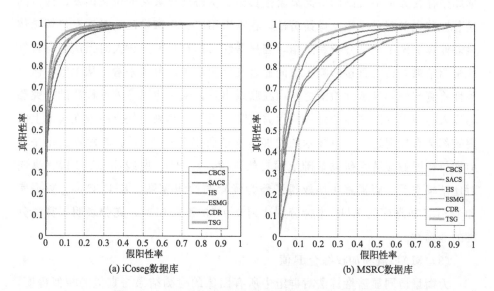

图 4-8　在两个数据库上的 ROC 曲线对比实验结果

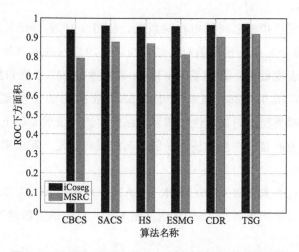

图 4-9　在两个数据库上的 AUC 柱状图对比实验结果

分析各算法在 iCoseg 数据库和 MSRC 数据库的表现差异可以看出，各协同显著性算法因为普遍考虑了群组图像间显著性关系，并制定了相关约束条件，所以在应对 iCoseg 数据库中多协同显著性目标问题时均能较好地实现分类效果，即 ROC 曲线均较为集中地分布在最优区域，如图 4-8（a）所示。同时分析图 4-8（b）中各算法在 MSRC 数据库上的 ROC 曲线表现，可以发现各算法曲线分布较为分散，且离最优区域较远，产生此现象的原因是 MSRC 数据库中存在大量不规则的协同显著性目标。从协同显著性的定义出发，即协同显著性首先要满足单幅图像显著性，在本书第二、三章中已经对现有单幅图像显著性算法做了详细分析和总结，当显著性目标自身差异过大时无法取得较好的检测结果，这就直接影响了协同显著性检测结果。总体来看，从单幅图像显著性检测与协同显著性检测之间内在联系出发，未来协同显著性检测的研究要与深入挖掘单幅图像显著性检测优秀模型有机结合起来，任意一方在技术上的突破都会直接促进另一方技术的发展。本章所提 TSG 协同显著性算法正是在前期单幅图像显著性研究基础上的自然延续，从 ROC 曲线和 AUC 指标纵向对比结果来看，所提算法均取得了最为优异的检测效果，基于 iCoseg 数据库和 MSRC 数据库的 AUC 指标分别达到 0.9683 和 0.9184，充分表明了算法分类的准确性。

（3）MAE 值和加权综合 F 值

为衡量协同显著性算法对群组中所有图像的检测结果与真值的相似程度，从 MAE 值和加权综合 F 值两方面对各算法做更为深入的对比分析，实验结果如图 4-10 所示。

基于不同评价指标之间的内在联系性，从图 4-10 实验结果可以看出，以 MAE 和加权综合 F 值为标准的对比结果与之前的指标基本保持一致，即本章所提算法依然表现最优，其中基于 iCoseg 数据库的 MAE 值和加权综合 F 值分别为 0.1157 和 0.6835，对应基于 MSRC 数据库的值分别为 0.1568 和 0.6472。在对同类型协同显著性检测算法纵向对比评价的基础上，本章将单幅显著性技术与协同显著性技术彼此发展状况做横向对比，期望揭示两项技术间的纽带关系。

将图 3-13（b）和图 3-15（b）中本书 CAMO 算法的 MAE 和加权综合 F 值实验结果和本章协同显著性 TSG 算法（图 4-10）对应的实验结果绘制在一起，如图 4-11 所示。

MAE 值越低则说明算法检测结果与真值差距越小，加权综合 F 值越高则

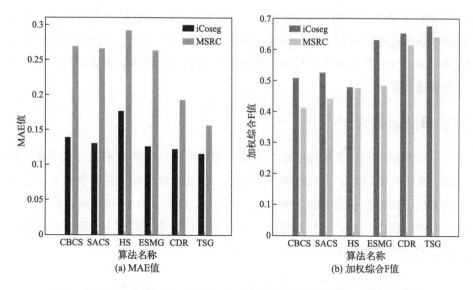

图 4-10 在两个数据库上的 MAE 和加权综合 F 值柱状图对比实验结果

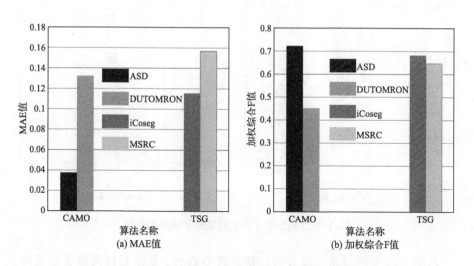

图 4-11 显著性算法与协同显著性算法的横向对比柱状图

说明算法检测精度越高。从图 4-11 中可以看出，基于较为简单的 ASD 数据库的显著性 CAMO 算法 MAE 值为 0.0377，加权综合 F 值为 0.7237，均已经达到非常高的标准，仅因为 DUT-OMRON 数据库于 2016 年才正式完善地提出，而之前的显著性研究工作没有对其做有针对性的研究，同时该数据库挑战难度较 ASD 数据库有了本质提升，所以相关评价指标均有所下降。横向分析 TSG 协同显著性算法较 CAMO 显著性算法在各自评测数据库中的表现，协同显著性算法在两项指标方面的表现均存在较大的提升空间，后续研究还需要更好地挖掘图像间共同显著性目标的内在对应关系，推动协同显著性检测技术更好更快地发展。

三、算法参数讨论

本章所提协同显著性算法模型所涉及的各类参数已经在相关公式中做了详细的定义和取值说明，这里不再重复讨论。预处理阶段超像素分割数量 K_n 是影响算法后续精度和速度的关键参数。通过在 iCoseg 和 MSRC 两个数据库上进行不同取值的实验，以加权综合 F 值作为评价标准来衡量 K_n 取值对最终检测结果的影响，如图 4-12 所示。

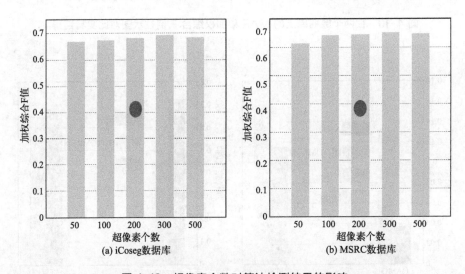

图 4-12　超像素个数对算法检测结果的影响

从图 4-12 实验结果可以看出，超像素个数 K_n 取值对协同显著性检测结果影响较小，在 200 取值附近基本达到最优，一味追求过多的分割单元会极大增加算法整体的运行时间，本章选取 $K_n=200$。通过对模型选取参数的讨论，可以有效证明本章算法的优势在于建立了合理的算法模型结构，不是单纯依赖某些参数的特定取值，后续研究者只要不选取过小的分割数量即可，可以尝试 $[100，300]$ 区间内其他取值。

四、算法模型独立性分析

本章算法模型是建立在已有单幅图像显著性检测算法基础上的，为了证明所提两阶段引导协同显著性检测模型与前期显著性算法之间彼此独立存在的关系，在 iCoseg 数据库上，选取 IT-98、GS-12、SF-12、GMR-13、RBD-14 五种前文评测过的有代表性的单幅图像显著性算法依次应用于本章两阶段引导模型，结合本章选取的 CAMO 算法，将得到的协同显著性检测结果与被引导前原始算法的检测结果做 P-R 曲线对比实验，如图 4-13 所示。

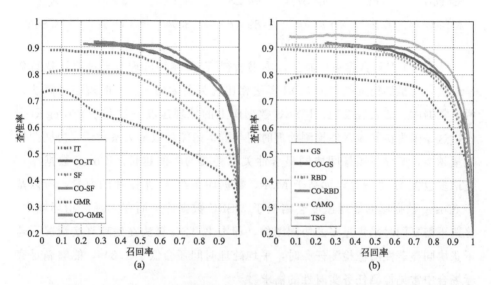

图 4-13　基于 iCoseg 数据库不同显著性算法模型协同显著性引导 P-R 曲线

图 4-13 中，不同显著性算法模型经本章两阶段协同显著性引导后获得的 P-R 曲线用实线线型表示，在原始算法名称前加"CO"，其中 CAMO 算法的引导结果就是本章 TSG 算法的结果。为了减少曲线互相重叠不易观察的影响，特将六组引导结果分别画在两幅图中。从实验结果可以看出，本章所提引导框架对所有单幅图像显著性算法检测结果均有提高，虽然提高幅度不一，但不存在经引导后检测效果衰减的现象，充分验证了所提引导方法的独立性。同时必须指出的是，观察整体分析图中不同算法经引导后获得的协同检测曲线亦可以发现，预处理阶段单幅显著性算法检测越精确，则最终的协同显著性检测结果越好。本书 CAMO 算法经论证检测精度最优，所以本章选取 CAMO 算法作为预处理模型，以最大程度地获取精确的协同显著性检测结果。

五、算法执行效率

为衡量各协同显著性算法在实际使用过程中的实时性，对本书所提算法和五种协同显著性算法的处理速度进行评测，即分别统计各算法在 iCoseg 和 MSRC 两个数据库中平均处理一张图像所需时间，如表 4-1 所示。

表 4-1　　不同算法执行效率比较　　　　单位：s/张

算法	CBCS	SACS	HS	ESMG	CDR	TSG
iCoseg	7.69	12.37	94.23	4.35	35.21	2.16
MSRC	6.25	10.74	89.17	3.94	32.62	1.84

从表 4-1 对比数据可以看出，本书所提 TSG 算法较现有五种算法执行效率最优，与检测精度类似的 CDR 算法相比优势更为明显。同时观察各算法在两个数据库上的表现发现，MSRC 数据库上的处理速度一致低于 iCoseg 数据库，这是因为协同显著性检测处理时间与群组内图片数量关系密切，协同图像数量越多，则寻找图像间协同显著性关系耗费的时间越长。iCoseg 数据库一组最多包含 41 张图片，远高于 MSRC 数据库每组 30 张图片的数量，所以基于 iCoseg 数据库的处理速度会略低于 MSRC 数据库。而在实际应用环境中，普遍不需要同时采集过多的协同图像，即本书 TSG 算法在处理真实情况下若干张协同显著性图像检测任务时，平均处理时间还会低于 1.84s，能够满足实际场合中常见检测任务实时性的需求。

六、真实场景图像检测和分割实验

为更充分展示所提算法的普遍适用性，随机采集了两组实验室真实场景中常见物体的协同图像，分别使用本书 CAMO 算法和本章 TSG 算法对群组图像进行检测，并对检测结果进行二值化分割和颜色映射，相关实验结果如图 4-14 所示。

图 4-14 中，从上至下依次是原图像、CAMO 算法检测结果、TSG 算法检测结果、Otsu 算法[146] 二值化分割结果和颜色映射结果。可以看出，暗红色茶叶盒和绿色水杯分别是左边粉红色背景和右边绿色背景内群组图像间的协同显著目标。传统面向单幅图像的显著性检测算法因没有考虑图像间的关联性，无法检测出相应的协同显著目标，反而会给单幅图像内蓝色水壶等目标赋予高

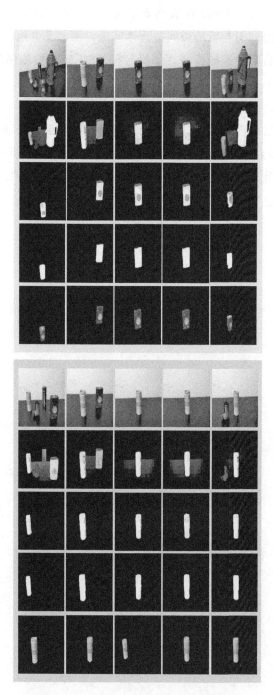

图 4-14 真实场景图像检测和分割结果

显著性值，如第二行 CAMO 算法检测结果所示。以 CAMO 算法检测结果为基础，经两阶段协同引导后的协同显著性算法，能够妥善地解决上述问题，实现对协同显著性目标的准确检测，如第三行 TSG 算法检测结果所示。基于协同显著性检测结果，只需经 Otsu 算法简单二值化分割之后，就可以取得很好的协同分割结果，经原图像与对应二值区域颜色值映射后，只包含协同目标的图像极大降低了后续图像理解任务的计算量，也能为目标识别、定位等具体应用任务提供可靠的数据信息，相关结果如图 4-14 中第四行和第五行所示。对两组图像的整体处理时间为 12.6s，平均图像处理速度达到 1.26s/张，可见所提算法在处理常见检测任务时具有较好的实时性。

场内外特征融合的水下残缺图像精细修复

图像修复利用"无中生有"的技术生成缺失信息，使图像在视觉感知上更加直观合理。在水下复杂环境干扰下，获得高质量的水下图像存在一定困难。水下图像存在信息丢失、异物遮挡、模糊畸变等现象，因图像特征不完备造成修复图像的特征连贯性和细节纹理不理想。基于此，本章提出了场内外特征融合的水下残缺图像精细修复方法，该方法网络模型如图 5-1 所示。该模型从知识库中提取关于目标的场外特征，并将检索到的与目标特征相关的场外特征与图像特征相融合，运用基于 WGAN-UP 构建带有梯度惩罚件约束条件的由粗到细的对抗生成网络来生成水下修复图像，为后续识别打下基础。

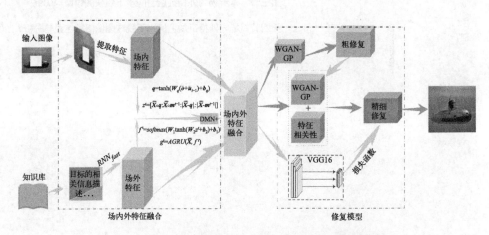

图 5-1　场内外特征融合的水下残缺图像精细修复模型

第一节
常识性知识的检索和嵌入

自然知识有助于提高深度学习模型的理解能力，人们越来越倾向于利用场外知识库改进数据驱动模型。现有的人工智能知识库是通过人工构建的，因此将知识库中的常识性知识提炼到深度神经网络是一个重要的研究领域。Wu 等人[147] 将提取到的常识性知识编码为向量，并将其编码到神经网络中，与视觉特征结合起来，为推理提供了额外的线索。Kumar 等人[148] 提出了基于情景记忆网络模型，该模型将注意条件作为输入并经过网络进行推理从而输出结果。然而该模型是否能够直接应用于图像领域还是未知的。为了解决这一问题，Xiong 等人[149] 在 DMN 模型的基础上对其存储和输入进行改进，在输入融合层采用双向的 GRU，并提出了一种图像输入模型，使改后的模型能够回答视觉问题。

实际应用中常出现图像目标特征严重缺失的情况，因数据严重不足，难以实现有效的修复。为了解决信息不足的问题，本章提出利用知识库中的常识性知识，弥补原图像目标信息的不足。由于图像中目标是残缺的，特征信息不足，无法实现准确识别。然而，如果已经通过网络检测出图像中存在目标 α，则可以根据知识库中相应的常识性知识，对已经检测出的目标 α 判断推理，从而推测出与其可能相关的对象 $\{\alpha_1,\alpha_2,\cdots,\alpha_k\}$。这些基础性的判断会对目标物的修复起到极大的引导作用[74]。因此依据常识性知识得到对象之间的关系的过程可以表示为式(5-1) 的形式。

$$\alpha \xrightarrow{\text{contact}} \{\alpha_1,\alpha_2,\cdots,\alpha_k\} \tag{5-1}$$

这些目标 $\{\alpha_1,\alpha_2,\cdots,\alpha_k\}$ 是根据知识库中的常识性知识推理出来的。同时，知识库中还包含着物体的基本特征信息。本章节通过从知识库获得目标物的相关特征描述去弥补原目标信息的不足，从而解决信息不足的问题。从知识库中检索到对目标特征的常识性描述，并且保证目标特征描述与知识库中相应的语义实体进行匹配，最终从知识库中检索到常识性知识的过程可以表示为式(5-2)。

$$\alpha \xrightarrow{\text{feature}} \{m_1,m_2,\cdots,m_n\},n\in[1,k] \tag{5-2}$$

其中 $\{m_1,m_2,\cdots,m_n\}$ 是从知识库中检索到的对目标 α 的常识性描述。为了对检测到的常识性知识进行编码，我们将这些常识性描述 $\{m_1,m_2,\cdots,m_n\}$ 转换成单词序列 $\{M^1,M^2,\cdots,M^n\}$，并且通过 $m^t=w_e M^t$ 的映射关系将句子中的每一个单词映射到一个连续的向量空间中。然后将这些向量通过基于 RNN 的编码器进行编码，如式(5-3) 所示。

$$h_i^t=RNN_{fast}(x_i^t,X_i^{t-1}),t\in[0,k],i\in[0,n] \tag{5-3}$$

其中，x_i^t 表示检索到的关于物体 α_i 的第 i 句特征描述中第 k 个单词的映射向量；X_i^{t-1} 表示编码器的隐藏状态。同时将双向门控循环单元（GRU）引入到编码过程中，最终编码器的隐藏状态 h_i^{k-1} 表示第 k 个特征描述的句子的向量重现。同时将这些文本向量定义为场外特征 X_E。

第二节
特征融合

将从知识库中得到的常识性知识存储到知识存储单元的内存槽中，用于推理和知识的更新。将外部知识融入到目标特征提取的过程中，用来弥补原目标物特征的不足。将 k 个对象在知识库相对应特征的语义描述编码到神经网络，那么存储空间中就含有 $k \times n$ 个相关的特征向量。伴随储存空间特征向量的几何式增长，将极大增加从候选知识中提取有用信息的难度。为了解决这一问题，本书通过改进的 DMN＋算法实现基于情景问答的场外知识检索[150]，获取最具相关性的待修复目标特征描述，如图 5-2 所示。

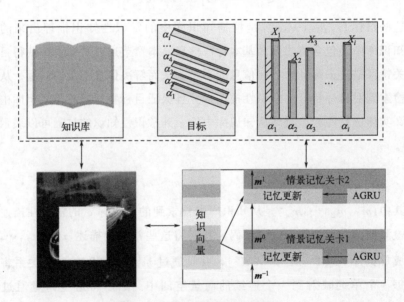

图 5-2 场外特征的检索与获取

采用改进的 DMN＋算法对检索场外特征 X_E 进行推理，以获取其特征的描述集合 $\{x_E\}$。利用 DMN＋模型的注意机制生成场内外特征融合的相关性约束。为保证模型对上下文信息的理解和原始输入的记忆，对 DMN＋的输入层进行改进，将残缺图像 I_{gt} 输入到模型中，并有效地提取目标特征信息 $\bar{o}$ 作为 DMN＋模型的第一层输入，第二层及以上层的输入为原始输入 $\bar{o}_{i+1}$ 和前一层

输出 $\bar{u}_i$ 的总和，如式（5-4）所示。

$$\bar{o}_{i+1}=\bar{u}_i+\bar{o} \tag{5-4}$$

通过对上下文的学习，使提取到的特征之间进行信息交互，以获取更多的与目标信息相关的场外特征信息，更有利于实现图像的修复。将目标特征向量输入到全连接层，其处理过程如式（5-5）～式（5-8）所示。

$$q=\tanh[W_q(\bar{o}+\bar{u}_{i-1})+b_q] \tag{5-5}$$

$$z^t=[X_E \circ q : X_E \circ m^{t-1} : |X_E-q| : |X_E-m^{t-1}|] \tag{5-6}$$

$$f^t=\text{softmax}[W_1\tanh(W_2z^t+b_2)+b_1] \tag{5-7}$$

$$g^t=AGRU(X_E,f^t) \tag{5-8}$$

其中，q 表示目标 α_k 映射后的目标向量；W_q、b_q 表示映射参数；z^t 表示相关的场外特征 X_E、模型情景记忆 m^{t-1} 和被映射的目标向量 q 之间的交互作用；$\circ$ 表示元素相乘的运算符号；$|\cdot|$ 表示元素的绝对值；$[:]$ 表示是多个元素交互运算。值得说明的是，模型情景记忆 m^{t-1} 和被映射的目标向量 q 需要先通过复制扩展达到相同的维度，才能与场外特征 X_E 进行交互运算。f^t 表示 softmax 层的输出，W_1、W_2、b_2 和 b_1 表示学习参数。$AGRU(\cdot)$ 表示 DMN+模型的注意机制，其机理是将 GRU 中的更新门用事实 K 的输出权重 f_k^t 代替，如式（5-9）所示。

$$g_n^t=f_n^tGRU(x_E,g_{n-1}^t)+(1-f_n^t)g_{n-1}^t \tag{5-9}$$

其中，g_n^t 用来表示当所有对目标 β 的特征描述都被查看后的 GRU 状态。通过注意力机制利用当前的状态和 DMN+模型的情景记忆更新储存器的记忆状态，如式（5-10）所示。

$$m^t=\text{ReLU}(W_m[m^{t-1}:g_k^t:q]+d_m) \tag{5-10}$$

其中，m^t 表示更新后的情景记忆状态，情景记忆可以记忆有用的知识信息来弥补原目标数据的不足，从而解决目标数据不足的问题。通过最终情景记忆挑选与目标信息相关的场外特征信息，如式（5-11）、式（5-12）所示。

$$\bar{o}_k=\text{ReLU}(W_c[\breve{X}:m^{N-1}]+d_c) \tag{5-11}$$

$$X_r=[X,\breve{X}] \tag{5-12}$$

其中，W_c 和 d_c 表示学习参数；X_r 表示目标融合后的特征。从而实现了利用外部知识，丰富了残缺图像原有的特征信息，解决了缺失目标物的特征信息不足的问题。

第三节
基于场内外特征融合的水下残缺图像重构

一、水下残缺图像重构模型

本章所设计的模型主要分为三个部分：场内外特征融合部分、粗糙修复部分和精细修复部分，其结构如图 5-3 所示。

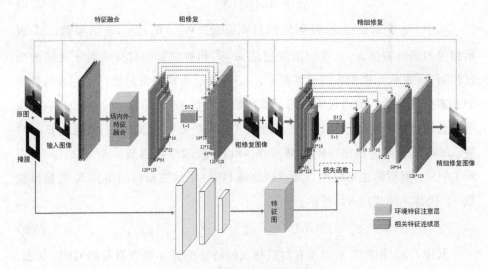

图 5-3　图像修复算法网络模型

将信息残缺的图像 I_{in} 输入到场内外特征融合部分，得到一个特征信息更加丰富的输出结果，并将其输入到粗糙修复网络中，得到一个粗糙修复图像 I_r。将待修复的图像 I_{in} 和粗糙修复图像 I_r 输入精细修复网络中，修复网络会迅速提取叠加区域的有效特征信息。经精细修复网络后，输出一个精细修复图像 I_m，从而实现残缺图像的修复。

二、粗修复网络

本节所设计的粗修复网络是基于对抗性神经网络策略的修复模型。它将编码器的每一层都与解码器的对应层的特征关联起来，利用编码器生成待修复图像的深度特征表示，通过解码器依据该特征预测并生成缺失区域信息。在图像

数字图像视觉显著性检测、
修复与目标识别技术

修复模型中，WGAN-GP 损失要优于现有的 GAN 损失，且与重建损失函数结合时会产生一个更好的效果。WGAN-G 使用 Wasserstein-1 距离 $W(P_r, P_g)$ 来比较生成数据分布和原始数据分布。其目标函数如式（5-13）所示。

$$\min_G \max_{D \in L} E_{x \sim P_r}[D(X)] - E_{\overline{x} \sim P_g}[D(\overline{X})] \tag{5-13}$$

其中，L 表示 1-Lipschitz 函数的集合；P_g 表示隐含 $\overline{x} = G(z)$ 中的模型分布。本节尝试着将梯度惩罚的思想用于图像修复。将梯度与输入掩膜 n 相乘，其原理如式（5-14）所示。

$$E_{\overline{x} \sim P_g} D(x) \to \lambda E_{\overline{x} \sim P_{\overline{x}}}[\| \nabla_{\overline{x}} D(\overline{x}) \cdot (1-n) \|_2 - 1]^2 \tag{5-14}$$

其中 $\overline{x}$ 表示从 P_r 和 P_g 采样点之间的直线采样。缺失像素的掩膜值为 0，其他部分的掩膜值为 1。λ 表示权重。WGAN 中的 Wasserstein-1 距离表示如式（5-15）所示。

$$W(P_r, P_g) = \inf_{\gamma \in \Pi(P_r, P_g)} E_{(x,y) \sim \gamma}[\| x - y \|] \tag{5-15}$$

其中 $\Pi(P_r, P_g)$ 表示 P_r 和 P_g 采样点分布集合的 $\gamma(x, y)$ 的边际。WGAN 学习匹配到最可能正确的图像，并应用对抗梯度训练生成器。由于这两种损耗均以像素为单位测量距离，因此组合损耗更易于训练，并使优化过程更稳定。

三、精细修复网络

将待修复的图像 I_{in} 和粗修复图像 I_r 输入精细修复网络中，以促使网络更快地捕获图像中有效的特征信息，极大地提高了修复网络的修复效果。精细修复模型的网络结构与粗糙修复模型的相似，不同的是为了增强残缺区域的语义相关性和特征连续性，其使用了一种新的相关特征连贯层，并通过特征相关性保留上下语义情景结构，且其推测出来的残缺部分更加合理，如图 5-4 所示。

特征相关性分为搜索和生成两个阶段。对修复区域 N 生成每一个补丁 n_i [$i \in (1,k)$，k 表示小补丁的个数]，相关特征连贯层在图像信息完整的区域中搜索最匹配的补丁 $\overline{n_i}$，用于初始化 n_i。然后将 $\overline{n_i}$ 作为主要的特征信息，同时参考已经生成的补丁 n_{i-1}，在生成的过程中还原 n_i。可以通过式（5-16）、式（5-17）判断补丁之间的相关度。

$$D_{\max_i} = \frac{\langle n_i, \overline{n_i} \rangle}{\| n_i \| \times \| \overline{n_i} \|} \tag{5-16}$$

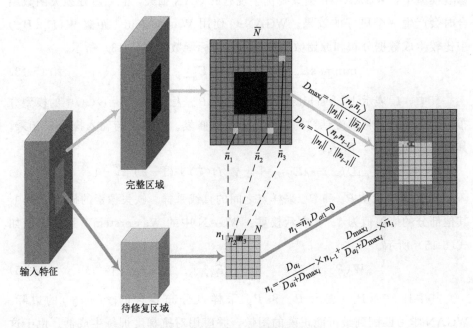

图 5-4 相关特征连贯原理图

$$D_{a_i} = \frac{\langle n_i, n_{i-1} \rangle}{\|n_i\| \times \|n_{i-1}\|} \tag{5-17}$$

其中，D_{a_i} 表示这个邻近补丁之间的相似性；$D_{\max_i}$ 表示最匹配的补丁 $\bar{n}_i$ 和完整区域补丁 n_i 之间的相似性。将 D_{a_i} 和 $D_{\max_i}$ 视为生成补丁的权重，这样每一个补丁都包含着先前补丁的信息。因此生成的补丁可以表示为式 (5-18) 的形式。

$$\begin{cases} n_1 = \bar{n}_1, D_{ai_1} = 0 \\ n_i = \dfrac{D_{a_i}}{D_{a_i} + D_{\max_i}} \times n_{i-1} + \dfrac{D_{\max_i}}{D_{a_i} + D_{\max_i}} \times \bar{n}_i, i \in (2, k) \end{cases} \tag{5-18}$$

补丁的生成过程是一个迭代过程，与之前生成的补丁（$n_1 \sim n_{i-1}$）和 $\bar{n}_i$ 有关，因此得到的每一个补丁具有较多的背景信息。最后将 $\bar{N}$ 中提取的补丁用作反卷积滤波器对 N 进行重建，从而获取更加逼真的修复结果。

为了进一步提高图像修复的效果，本节引入特征修复识别器，通过识别器区分原始图像和已修复图像。然后根据修复特征信息，计算出对抗损失函数 D_M 和 D_R，将 D_M 用于精细修复网络，D_R 用于粗修复网络。如公式 (5-19) 所示。

$$\begin{cases} D_R = -E_{I_m}\{[1-D(I_o,I_m)]^2\} - E_{I_{in}}[D(I_m,I_o)^2] \\ D_M = -E_{I_{in}}[D(I_m,I_o)^2] - E_{I_{in}}\{[1-D(I_o,I_m)]^2\} \end{cases} \tag{5-19}$$

其中，D 代表鉴别器；E_{I_m} 表示所有真实取平均值的操作；$E_{I_{in}}$ 表示所有真实取平均值的操作。

四、损失函数

为提高场内外特征融合网络检索相关场外特征的能力和优化注意机制参数，在采用改进的 DMN＋网络进行场内外特征融合时定义一个优化损失函数，如式(5-20) 所示。

$$L_d = \sum_{\overline{f}=mi}^{k} \max[0,\beta - S_o(x_E,m^t) + S_R(x_E,q)] \tag{5-20}$$

其中，$S_o(\cdot)$ 表示情景记忆和场外特征之间的匹配度；$S_R(\cdot)$ 表示目标特征和场外特征之间的匹配度。

在修复网络构建的过程中，现有的图像修复模型通常利用知觉损失提高图像修复网络的识别能力。但是，知觉损失容易误导相关语义连贯层的训练过程，我们引入一致性损失函数对现有损失函数的构建进行了改进。通过经预训练的 VGG-16 网络[77] 提取原始图像的深度特征，并将残缺区域的原始深度特征设定为相关语义连贯层及其编码器对应层的目标，计算出训练网络的一致性损失函数，如式(5-21) 所示。

$$L_c = \sum_{z \in M} \|W(I_{ir})_z - \phi_m(I_o)_z\|_2^2 + \|W_d(I_{ir})_z - \phi_m(I_o)_z\|_2^2 \tag{5-21}$$

其中，ϕ_n 表示 VGG16 网络模型中经训练得到的参数；$W(\cdot)$ 表示编码器中相关特征连贯层的特征；$W_d(\cdot)$ 是解码器中相关特征连贯层对应层相关特征空间。

将 Wasserstein-1 距离作为判断条件，构建出修复网络的损失函数如式(5-22)所示。

$$L_r = \|I_r - I_o\|_1 + \|I_m - I_o\|_1 \tag{5-22}$$

将式(5-19)～式(5-22) 所构建的特征融合优化损失函数、训练网络一致性损失函数、修复网络损失函数和粗修复网络对抗损失函数进行加权平均，获取所提残缺图像精细修复模型的总体损失函数，如式(5-23) 所示。

$$L_g = \alpha_d L_d + \alpha_c L_c + \alpha_r L_r + \alpha_R D_R \tag{5-23}$$

其中，α_d、α_c、α_r、α_R 分别为优化损失、一致性损失、修复损失、对抗损失的权衡参数。

第四节
场内外特征融合的水下残缺图像修复结果与分析

为验证所提残缺图像精细修复模型的有效性，分别基于 Stereo Quantitative Underwater Image（SQUI）数据集[151]、Real-world Underwater Image Enhancement（RUIE）数据集[152] 和 Underwater Target（UT）数据集对现有的方法进行了定性和定量的对比实验，具体实验结果及分析如下。

一、实验设置

本节设计的实验基于 SQUI、RUIE 和 UT 三个数据集。在实验中不使用任何数据标签。为了模拟图像缺失的现象，采用方形掩膜对图像目标区域进行遮掩。同时对三个数据集的原始数据进行训练。学习率设置为 2×10^{-4} 和 $\beta = 0.05$。权衡参数设置为 $\alpha_d = 0.1$、$\alpha_c = 0.1$、$\alpha_r = 1$、$\alpha_R = 0.001$。将本章所提 EFIF 算法与 SH、GLCI、CSA 三个代表性算法模型进行对比。实验的硬件配置为：CPU 为 Intel（R）Core（TM）i7-8700K@3.70GHz，GPU 为 RTX 2080 Ti，内存为 64G，运行环境为 Python3.7，模型采用 PyTorch 库编写，操作系统为 Ubuntu-16.04。

二、定性评价实验

1. SQUI 数据集实验结果

SQUI 数据集是一个主要针对水下多种目标以及水下场景重建的数据集，在水下图像的研究领域应用非常广泛。其主要应用在水下图像增强、水下图像去雾、水下图像 3D 重构等研究领域。在 SQUI 数据集中的仿真结果如图 5-5 所示。

最左边的一列为经过掩膜处理后的输入图像，最右边一列是原始图像，中间分别为 SH、GLCI、CSA 和 EFIF 修复模型的修复结果。实验（A）为清晰的蛙人，实验（B）和实验（C）为轻微模糊场景下的图像修复，实验（D）和实验（E）为严重模糊场景下的图像修复。从实验结果可知，本文所提模型比其他修复模型能更有效地修复目标的特征，同时在纹理重建方面也更加合理。

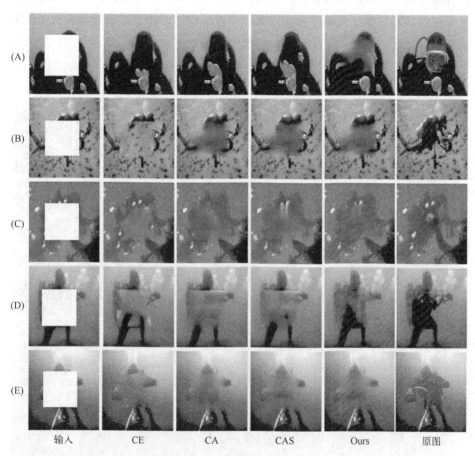

图 5-5　现有修复模型与本书修复模型在 SQUI 数据集中比较

2. RUIE 数据集实验结果

RUIE 数据集是由大连理工大学-立命馆大学国际信息与软件学院提出的一个针对水下图像研究的数据集，具有图像数据量大、图像场景、色彩多样、检测目标丰富等特点。其常用于水下目标的检测与识别、水下图像的增强与复原。从 RUIE 数据集选取大量的水下雕塑、汽车残骸等进行仿真实验。与 SH、GLCI 和 CSA 图像修复模型作对比，其仿真结果如图 5-6 所示。

实验（A）、实验（B）、实验（C）表示轻微模糊的场景实验。实验（D）、实验（E）和实验（F）表示严重模糊的场景实验。实验（B）中，SH 模型的修复结果存在着目标丢失的现象。SH、GLCI 和 CSA 修复模型在实验（A）、实验（B）、实验（E）、实验（F）的修复中均存在着修复区域模糊现象，并不能有效地修复缺失区域的纹理。实验（B）、在实验（D）、实验（E）对应粗修复图像的修复区域存在纹理模糊现象。本章所提出的修复结果能够有效地修复缺失区域特征，且能够生成合理的图像纹理。如实验（C）、实验（E）所示修复的结果与原图十分接近。

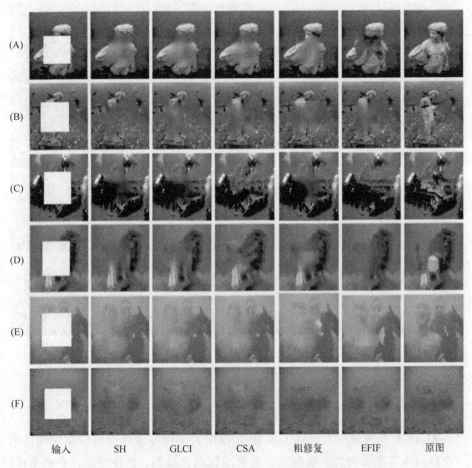

图 5-6　现有修复模型与本书修复模型在 RUIE 数据集中比较

3. UT 数据集实验结果

UT 数据集是本研究团队针对水下图像所建立的数据集。主要用于水下复杂场景中特征提取、目标检测与识别、场景理解，为 AUV 实现自主航行能

数字图像视觉显著性检测、
修复与目标识别技术

力、目标识别与跟踪、自主规划路线和协同控制提供重要保障，在水下图像处理领域的研究中有着重要意义。其中包括鱼雷、潜艇、蛙人、AUV 等类别。本节从 UT 数据集中选取大量的鱼雷、潜艇、AUV 图像进行实验，与 SH、GLCI 和 CSA 图像修复模型对比，如图 5-7 所示。

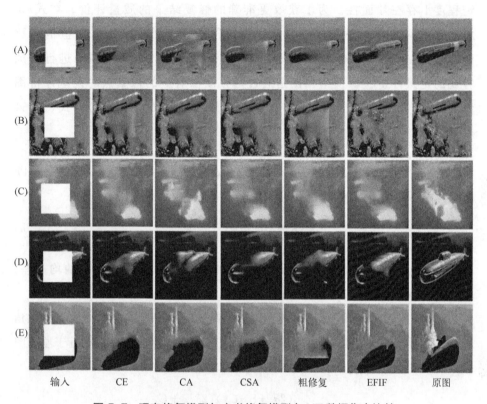

图 5-7　现有修复模型与本书修复模型在 UT 数据集中比较

实验（A）、实验（B）为不同场景下的鱼雷修复。其中实验（A）表示清晰的场景，实验（B）表示模糊的场景。实验（C）表示模糊的 AUV 的修复实验。实验（D）、实验（E）分别表示清晰、模糊场景下的潜艇图像的修复。实验（B）中，SH、GLCI 模型修复的结果存在特征丢失现象。实验（A）、实验（D）中，粗修复图像存在修复区域纹理模糊的现象。本章所提模型能够更好地修复残缺区域，同时注重修复区域的纹理，如实验（B）、实验（C）中本书修复结果接近于原图像，从而说明了本书模型更注重于结构和纹理的修复能力。

第五章
场内外特征融合的水下残缺图像精细修复

103

三、定量评价实验

1. 定量评价指标

由于个体的差异、喜好等主观因素的影响，对实验结果的评价会在一定程度上存在片面性。为了获取更准确的修复结果的质量评价。在式（5-23）修复网络的损失函数单一定量评价指标的基础上，引入峰值信噪比PSNR[153]和结构相似性SSIM[154]两个评价指标，对修复结果进行更加客观的定量评价。峰值信噪比是通过两张图像对应的像素点的误差评价图像的质量，其值越大表示图像的修复结果越好，如式（5-24）、式（5-25）所示。

$$MSE = \frac{1}{mn}\sum_{i=0}^{m-1}\sum_{j=0}^{n-1}\|x(i,j)-y(i,j)\|^2 \tag{5-24}$$

$$PSNR = 10\times\log_{10}\left(\frac{MAX_x^2}{MSE}\right) \tag{5-25}$$

其中，x，y 表示图像尺寸的大小，MSE 表示两张图像之间的均方差，MAX_x^2 表示图像中所取的最大值。

SSIM 指标从图像的亮度、对比度以及结构信息衡量图像的结构相似性角度，评价图像的失真程度，其值越大说明失真越小，修复图像越接近原始图像，如式（5-26）所示。

$$SSIM = \frac{(2\sigma_x\sigma_y+C_1)(2\delta_{xy}+C_2)}{(\sigma_x^2+\sigma_y^2+C_1)(\delta_x^2+\delta_y^2+C_2)} \tag{5-26}$$

其中，σ_x 和 σ_y 分别为原图像和修复图像的平均值；σ_x^2 和 σ_y^2 表示方差；δ_{xy} 表示协方差；C_1、C_2 为用来维持稳定的常数。

2. 定量评价实验结果

本章使用 PSNR、SSIM 作为定量评价的衡量指标，其中 PSNR 和 SSIM 能客观反映模型修复残缺图像的性能。本书修复模型与对比修复模型在 SQUI、RUIE 和 UT 数据集中的 PSNR、SSIM，如表 5-1 所示。

表 5-1　SQUI、 RUIE 和 UT 数据集各修复结果的客观数据

数据集	掩码率	PSNR				SSIM			
		SH	GLCI	CSA	EFIF	SH	GLCL	CSA	EFIF
SQUI	10%~20%	31.33	31.59	33.83	34.31	0.901	0.966	0.986	0.979
	20%~30%	30.12	30.41	32.27	33.01	0.892	0.894	0.985	0.987
	30%~40%	20.53	21.67	25.08	24.74	0.844	0.887	0.920	0.936
	40%~50%	20.17	21.14	23.94	24.16	0.827	0.848	0.871	0.887
RUIE	10%~20%	31.45	33.72	35.84	35.98	0.929	0.936	0.953	0.978
	20%~30%	30.75	33.46	34.97	35.73	0.919	0.925	0.942	0.971
	30%~40%	27.84	27.76	28.06	30.93	0.897	0.902	0.916	0.923
	40%~50%	21.97	23.19	23.97	24.45	0.846	0.874	0.899	0.905
UT	10%~20%	24.83	25.01	25.42	27.01	0.913	0.928	0.936	0.949
	20%~30%	24.36	24.72	25.31	26.75	0.904	0.916	0.929	0.935
	30%~40%	20.48	21.14	22.07	22.35	0.884	0.890	0.907	0.916
	40%~50%	15.39	15.04	16.42	16.91	0.862	0.876	0.890	0.891

从表中可以看出本章所提修复模型在 SQUI、RUIE 和 UT 数据集上取得了最优结果，PSNR 值和 SSIM 值是最大的，本章所提出的图像修复模型的 PSNR 值最高为 35.98，相比其他模型提高了 2.17%，SSIM 值最高为 0.987，相比其他模型提高了 1.08%。

UT 数据集主要用于模糊、复杂水下场景中危险性目标的识别与重构。其特征提取难度极大，对修复算法有效性的挑战最为显著，本节将图 5-7 每个仿真结果的 PSNR、SSIM 用柱状图的形式直观地展现出来，以展现所提修复模型面对复杂环境的修复效果。如图 5-8 所示，UT 数据集中我们所提算法 PSNR 最高为 26.75，相比其他算法提高了 1.44，SSIM 最高为 0.935，相比其他算法提高了 0.006。可见本书所提算法的修复结果一致优于现有对比模型。

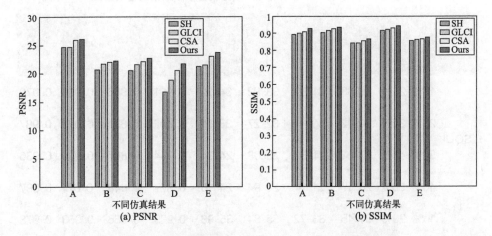

图 5-8　UT 数据集中修复结果 PSNR、 SSIM 值柱状图

第六章

基于显著环境特征融合的水下遮挡目标精细重构

自监督学习利用辅助任务对网络进行大规模的训练，从无标注数据中挖取具有价值的特征信息。在实况中，水下目标因善于伪装或被异物遮挡造成目标部分信息缺失。遮挡现象在一定程度上影响环境感知系统对水下环境的感知能力。利用图像重构技术去除遮挡物将有利于水下目标识别。前一章内容利用掩膜技术模拟遮挡现象。然而水下环境中存在大量的真实遮挡现象，场景更加复杂且充满了不确定性。基于此，本章提出显著环境特征融合的水下图像精细重构算法，算法框架如图 6-1 所示，旨在增强水下遮挡目标特征，为后续工作奠定基础。

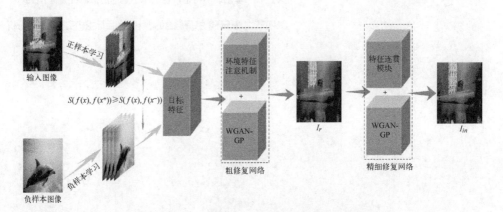

图 6-1　环境特征融的水下图像精细重构算法框架

第一节
对比学习

　　对比学习是一种自监督的学习方法。其原理是模型通过正负样本学习更大程度地关注到样本显著特征，提高训练效率[155-157]，如图 6-2 所示。近年来许多学者将对比学习引入到图像领域并取得了巨大进展。Wu 等人[158] 将对比学习引入图像修复领域，提出了基于对比学习的压缩单图像去雾算法。该模型将模糊图像和清晰图像作为正负样本，并通过对比正则化模块使恢复图像在特征表示上无限接近清晰图像，并逐渐远离模糊图像。Zhang 等人[159] 提出了一种基于跨模态对比生成对抗性网络实现文本生成图像的算法。该模型利用注意力自调节生成器调节模态间与模态内的对应关系，构建对比判别器实现模型

数字图像视觉显著性检测、
修复与目标识别技术

的对比学习，并利用对比损失优化损失函数，从而获得高质量的生成图像。本节引入对比学习旨在使训练模型获取更多水下图像特征，提高训练效率，提高图像重构质量。

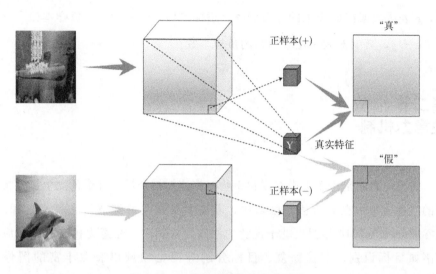

图 6-2　对比学习提取特征原理图

　　VGGNet 是由 Simonyan 等人提出的网络模型，其具有网络深、卷积核小、池化核小、增加模型深度可以提升其特征提取能力的特点。同时该模型具有泛化能力，可以适应不同的数据集。本节利用 VGG-16 模型网络提取水下目标特征。首先明确样本类别，将存在遮挡现象的水下图像定义为正样本，将其他水下图像定义为负样本。模型通过正负样本的学习，将特征表示逐渐趋于正样本，并增大与负样本之间的差异。其原理如式（6-1）所示。

$$S[f(x),f(x^+)] \gg S[f(x),f(x^-)] \tag{6-1}$$

　　其中，x^+ 表示和 x 类似的样本；称为正样本；x^- 表示和 x 不相似的样本，称为负样本。$S(\cdot,\cdot)$ 表示样本之间的相似程度。通过正、负样本的学习可以使相似样本之间的差异变小，不相似样本之间的差异增大。正样本表示为 $\{x,x^+\}$。负样本表示 $\{x_1^-,x_2^-,\cdots,x_k^-\}$。为了使正样本 $\{x,x^+\}$ 具有语义层次的概念，本书将所有与特征相近的样本归为 e 类。则该类的概率分布可以表示为 D_e。同理取 D_b 表示负样本的概率分布，则可表示为式（6-2）、式（6-3）的形式。

$$D_z(x,x^+)=\mathop{E}_{c\sim\rho}D_e(x)D_e(x^+) \tag{6-2}$$

$$D_n(x^-)=\mathop{E}_{b\sim\rho}D_b(x^-) \tag{6-3}$$

其中分布 D_z 表示与目标相似的数据，分布 D_n 表示与目标不相关的数据，ρ 表示数据在 C 类上的分布概率。正样本 $\{x,x^+\}\sim D_z$，负样本 $\{x_1^-,\cdots,x_k^-\}\sim D_n$，其中 k 表示用于训练的负样本数。

第二节
注意力机制

注意力机制是借鉴人类在观察事物时快速扫描全局，并借助滋生直觉将有限的注意力集中在有价值的区域中，获取大量相关的细节信息[160] 的原理。自谷歌公司在 2014 年提出基于视觉的注意力机制后，注意力机制陆续被应用于诸如目标识别、图像修复、目标分割等视觉领域以获取丰富的图像特征[161]。复杂的水下环境导致水下物体被遮挡，造成水下目标特征大面积缺失，这无疑增加了水下图像重构的困难程度。然而，背景环境信息与水下目标息息相关，相关环境特征的提取有利于提高水下图像重构的准确性和图像纹理细节的合理性。因此本节将注意机制引入到水下图像重构领域，提出构建分层环境特征注意机制以提取背景中的相关信息，其原理如图 6-3 所示。环境特征注意机制将从已知背景中检索和复制特征信息补丁，用以重构残缺区域的补丁。在选取补丁时，本节最关注的问题是如何将目标特征与周围环境进行匹配。

本节首先考虑局部的环境特征注意，将目标缺失的像素特征与周围环境信息进行匹配。在背景中提取 3×3 的补丁，并将其整形为卷积滤波器。为了进一步验证所提取的背景补丁 x' 和目标信息 x 的匹配程度，引入余弦相似度测量模块，其原理如式（6-4）所示。

$$s_{c(x',x)}=<\frac{x}{\|x\|},\frac{x'}{\|x'\|}> \tag{6-4}$$

其中 $s_{c(x',x)}$ 表示背景补丁 x' 和目标特征 x 之间相似度。然后依据背景补丁 x' 和目标特征 x 之间相似度权衡该像素在 softmax 层的注意权重，即每个像素的注意程度可以表示为 $s'_{c(x',x)}=\alpha softmax s_{c(x',x)}$，其中 α 是一个常数。

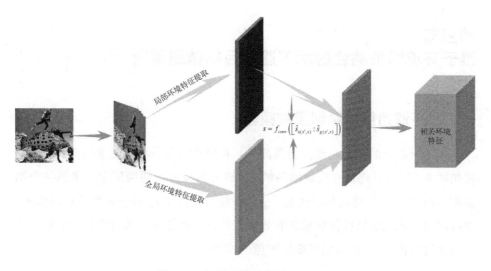

$$s = f_{conv}\left(\left[\hat{s}_{c(x',x)} : \hat{s}_{g(x',x)}\right]\right)$$

相关环境
特征

局部环境特征提取

全局环境特征提取

图 6-3　相关环境特征提取原理图

本节利用连贯思想实现局部环境特征注意的一致性，即前景特征随着对应注意力的背景补丁的变化产生同等变化。例如与 $s'_{c(x',x)}$ 最相关的 $s'_{c(x'+1,x+1)}$ 的值相接近。先进行左右传播，然后再进行内核大小为 k 的自上而下的传播。其原理如式(6-5) 所示。

$$\hat{s}_{c(x',x)} = \sum_{i \in \{-k,\cdots,k\}} s'_{c(x'+i,x+1)} \tag{6-5}$$

　　为了充分利用背景信息，本章节提出依据输入图像的整体特征聚合全局级环境特征信息，并将衍生的注意特征信息称为全局的环境注意特征信息。同上述原理将全局级上下文注意表示为式(6-6) 的形式。

$$\hat{s}_{g(x',x)} = \sum_{i \in \{-k,\cdots,k\}} s'_{g(x'+i,x+i)} \tag{6-6}$$

　　通过公式(6-5)、公式(6-6) 可以得到局部环境注意的背景特征和全局环境注意的背景特征，接下来利用 1×1 卷积层将这两部分的背景特征信息融合，从而得到分层的环境注意机制。背景补丁 x' 和目标特征 x 之间的注意程度可以表示为式(6-7) 的形式。

$$s = f_{conv}\left(\left[\hat{s}_{c(x',x)} : \hat{s}_{g(x',x)}\right]\right) \tag{6-7}$$

　　其中，$f_{conv}(\cdot)$ 表示卷积运算，[:]指的是多个元素的交互运算。分层的环境特征注意机制在测试中能够更大程度地利用环境信息，在训练中丰富了目标数据。

第三节
基于环境特征融合的水下遮挡目标精细重构

一、水下遮挡目标精细重构模型

本章所设计的模型主要分为两部分：粗糙重构部分和精细重构部分，其结构如图 6-4 所示。将信息残缺的图像 I_{in} 输入到粗糙重构网络中，得到一个粗糙重构图像 I_r。将待重构的图像 I_{in} 和粗糙重构图像 I_r 输入精细重构网络中，重构网络会迅速提取叠加区域的有效特征信息。经精细重构网络后，输出一个精细重构图像 I_m，从而实现残缺图像的重构。

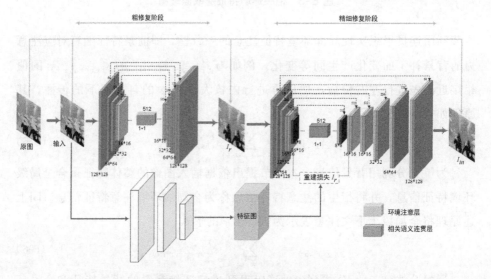

图 6-4　由粗到细重构模型的设计

所设计的粗糙重构网络是基于对抗性神经网络策略的重构模型。它是将编码器的每一层都与解码器的对应层的特征关联起来。编码器生成待重构图像的深度特征表示，通过解码器依据该特征预测并生成缺失区域信息，同时将分层的环境注意机制引入到粗略重构网络中。本节在图像重构模型中采用 WGAN-GP 损失函数和重建损失函数结合，其原理与第二章所提模型的精细修复网络基本相同，可获得一个更好的粗重构效果。

所设计的精细重构模型网络结构与粗糙重构模型相似，不同的是为了增强残缺区域的特征相关性和特征连续性，要构建一种新的相关特征连贯层，其原理与第二章所提模型的精细修复网络相同。通过由粗到细的重构网络重构水下图像，最终获取一个结构纹理更加合理、特征更加连续的重构图像。

二、模型训练与损失函数

重建模型通过正负样本学习提取待重构图像的特征信息，并且使用数据本身作为监督信息来学习样本数据的特征表示，目标函数如公式（6-8）所示。

$$L_d = E\left[\left(\{f(x)^{\mathrm{T}}f(x^+)^{\mathrm{T}} - f(x^-)\}_{i=1}^k\right)\right] \tag{6-8}$$

从而可以得到来自 $D_z \times D_n$ 的 M 个样本之间的关系，可以表示为式（6-9）。

$$L_d' = \frac{1}{M}\sum_{i=1}^{M}\ell\left(\{f(x)^{\mathrm{T}}f(x^+)^{\mathrm{T}} - f(x^-)\}_{i=1}^k\right) \tag{6-9}$$

通过以上分析，基于无监督学习的对比损失函数可以表示为式（6-10）。

$$L_z = \mathop{E}_{\substack{c^+,c^- \\ \sim\rho^{k+1}}} \mathop{E}_{\substack{x^+\sim D_{c^+}^2 \\ x^-\sim D_{c^-}^2}}\left[\ell\left(\{f(x)^{\mathrm{T}}f(x^+)^{\mathrm{T}} - f(x^-)\}_{i=1}^k\right)\right] \tag{6-10}$$

一致性损失 L_c 如公式（6-11）所示。

$$L_c = \sum_{z\in M}\|W(I_{ir})_z - \phi_m(I_o)_z\|_2^2 + \|W_d(I_{ir})_z - \phi_m(I_o)_z\|_2^2 \tag{6-11}$$

其中，ϕ_m 表示 VGG16 网络模型的参数；$W(\cdot)$ 表示编码器中相关特征连贯层的特征；$W_d(\cdot)$ 是解码器中相关特征连贯层对应层的特征空间。

为了使粗略重构图像 I_r 和精细重构图像更加接近真实图像，将使用 Wasserstein-1 距离作为图像重构损失。损失函数如公式（6-12）所示。

$$L_r = \|I_r - I_o\|_1 + \|I_m - I_o\|_1 \tag{6-12}$$

考虑到重建损失、一致性损失、对比损失和对抗性损失，重构模型的总体目标函数如公式（6-13）所示。

$$L = \alpha_r L_r + \alpha_c L_c + \alpha_d L_z + \alpha_h D_R \tag{6-13}$$

其中，α_r、α_c、α_d、α_h 分别为重建损失、一致性损失、对比损失和对抗性损失的损失参数。

第四节
基于环境特征融合的水下遮挡目标重构实验结果与分析

在本节中，设计大量的实验来验证所提出的图像重构模型的性能，并与现有的方法在 SQUI、RUIE 和 UT 数据集分别对比验证，具体实验内容如下。

一、实验设置

仿真实验基于 SQUI、RUIE 和 UT 三个数据集。模型通过 Adam 算法进行优化，学习率为 2×10^{-4}，$\beta = 0.05$。权衡参数设置为 $\alpha_r = 1$，$\alpha_c = 0.1$，$\alpha_d = 0.1$，$\alpha_r = 0.001$。本节选用四个对比方法，分别为 GAN、CE（Context Encoder）、CA（Contextual Attention）、CSA。实验的硬件配置为：CPU 为 Intel（R）Core（TM）i7-8700K@3.70GHz，内存为 64G，运行环境为 Python3.7，模型采用 PyTorch 库编写，操作系统为 Ubuntu-16.04。

二、水下遮挡图像重构仿真与结果分析

1. SQUI 数据集对比

本节从 SQUI 数据集中选取大量的水下人物图片，输入图像中水花遮挡了人的特征。通过本书提出的算法对遮挡部分进行目标重构，仿真结果如图 6-5 所示。

仿真结果最左侧一列为输入图像，其他依次为 GAN、CE、CA、CSA 和 Ours 图像重构模型的重构结果。实验（A）、实验（B）、实验（D）和实验（E）为因水花而引起目标特征丢失的重构实验。实验（C）为因水纹引起目标形变的重构实验。从实验结果可知，GAN、CE、CA、CSA 并不能有效地重构水下图像。如实验（A）、实验（C）和实验（D）中 GAN、CE 模型重构图像时丢失了大量目标特征。如实验（A）和实验（D）中 CA 和 CSA 模型虽然能够重构目标被遮挡部分，但是重构区域存在纹理模糊的现象。实验场景选择波浪作为环境特征信息，水下目标遮挡了太多区域，或者存在图像特征不易被提取的现象，各模型图像重构的效果并不理想。尽管如此，本章所提

模型重构结果在大多数情况下优于其他算法，重构图像结构合理，细节纹理清晰，如实验（D）和实验（E）可重构出人体遮挡区域信息，且不存在目标特征丢失的现象。

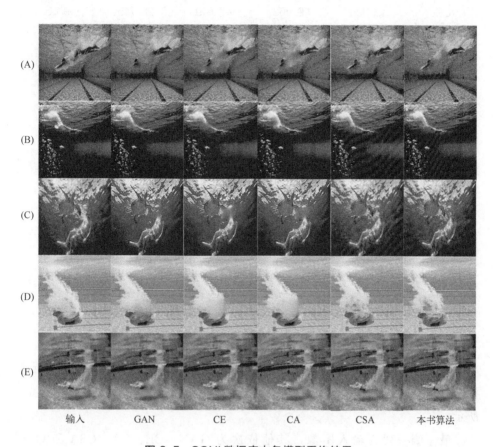

图 6-5　SQUI 数据库中各模型重构结果

在评价图像重构好坏程度时，本节引入 PSNR 和 SSIM 两个值进行评价。图 6-5 的 PSNR 值如表 6-1 所示，从表中可以看出本书模型的重构结果要优于其他模型，实验（A）、实验（B）的 PSNR 值要明显高于实验（C）、实验（D）和实验（E）。图 6-5 的 SSIM 值如表 6-2 所示，从表中可以看出本书模型的重构结果的 SSIM 值高于其他模型，实验（A）的 PSNR 值要明显高于其他组实验，从而说明了本书模型在水下遮挡图像重构中具有一定的可行性。

表 6-1　SQUI 数据库不同算法下的 PSNR 值

	A	B	C	D	E
GAN	19.690	19.039	17.512	26.699	19.609
CE	19.998	19.463	17.519	26.715	19.663
CA	20.163	19.986	18.299	26.784	19.938
CSA	20.984	20.041	19.139	26.801	20.047
Ours	21.092	21.044	19.574	26.827	20.125

表 6-2　SQUI 数据库不同算法下的 SSIM 值

	A	B	C	D	E
GAN	0.965	0.965	0.882	0.926	0.946
CE	0.971	0.971	0.879	0.912	0.953
CA	0.973	0.975	0.889	0.945	0.971
CSA	0.975	0.980	0.927	0.951	0.972
Ours	0.986	0.985	0.986	0.973	0.978

2. RUIE 数据集对比

本节从 RUIE 数据库选取大量蛙人图像。这些蛙人局部特征被鱼类所遮挡，通过本书提出的算法对遮挡部分实现目标重构。仿真实验结果如图 6-6 所示。

最左侧一列为输入图像，其他依次为 GAN、CE、CA、CSA 和 Ours 图像重构模型的重构结果。从实验结果可以看出，GAN、CE 模型重构区域丢失了大量目标特征，如实验（A）、实验（D）和实验（E）中重构区域未能合理重构出人体特征。CA 和 CSA 模型重构区域存在细节模糊的现象，如实验（D）和实验（E）中虽能够有效重构遮挡区域，但是重构区域模糊不清。本章所提模型重构结果优于其他算法，重构图像结构合理，细节纹理清晰。

实验结果的 PSNR 值如图 6-7 所示，从图中可知本章所提模型重构结果要优于其他模型，实验（E）、实验（F）的 PSNR 值要明显高于其他实验组的实验结果。SSIM 值如图 6-8 所示，从图中可以看出本章所提模型

数字图像视觉显著性检测、
修复与目标识别技术

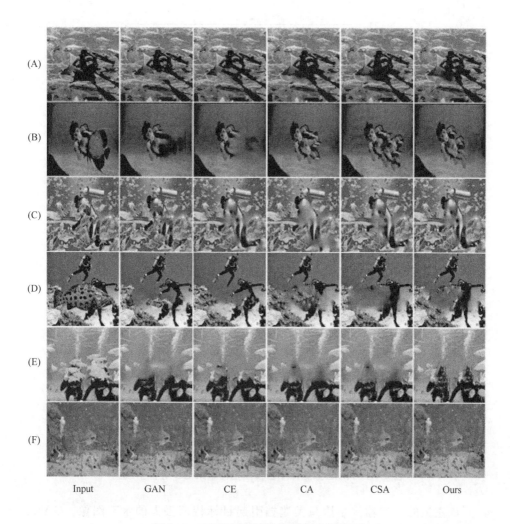

| Input | GAN | CE | CA | CSA | Ours |

图 6-6　RUIE 数据库中各模型重构结果

重构结果的 SSIM 值明显高于其他模型，本书提出模型的重构结果都接近于 1，从而说明了本书提出的重构模型在水下图像重构中具有一定的优越性。

3. 算法验证

本节将在 UT 数据集上进一步验证所提出的重构模型效果。从 UT 数据集中选取大量的被遮挡或模糊的鱼雷、潜艇、AUV 图像进行实验。仿真结果如图 6-9 所示。

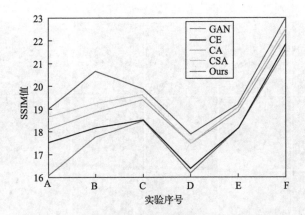

图 6-7　RUIE 数据库中各模型重构结果 PSNR 值折线图

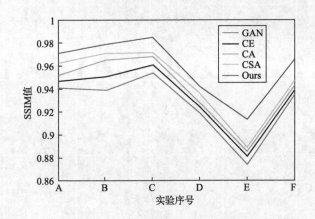

图 6-8　RUIE 数据库中各模型重构结果 SSIM 值折线图

　　最左边的一列输入是因鱼类遮挡引起目标特征丢失的水下图像。GAN、CE 图像重构模型重构的结果存在目标丢失的现象，如实验（A）、实验（C）重构结果并不理想。实验（C）中 CA、CSA 虽能重构部分轮廓，但存在纹理细节模糊现象。而本书所提出的重构算法对比其他重构模型的重构结果更能有效地修复目标的特征，同时在纹理重建方面也更加合理。

　　模型重构结果的 PSNR 值如图 6-10 所示，SSIM 值如图 6-11 所示，从图中可以看出本章所提模型的重构结果的 SSIM 和 PSNR 值高于其他模型，从而说明了水下场景对水下图像重构有着很大的影响。由仿真结果可知，所提模型针对水下残缺图像的重构结果，无论是定性比较还是定量比较都要优于进行对比的其他模型。

数字图像视觉显著性检测、
修复与目标识别技术

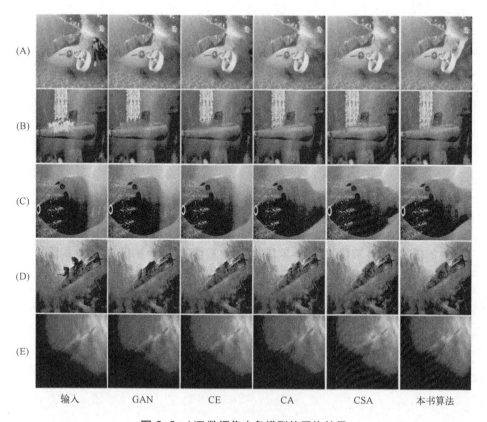

输入	GAN	CE	CA	CSA	本书算法

图 6-9　UT 数据集中各模型的重构结果

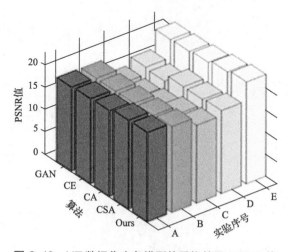

图 6-10　UT 数据集中各模型的重构结果 PSNR 值

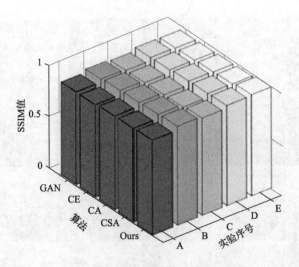

图 6-11 UT 数据集中各模型的重构结果 SSIM 值

数字图像视觉显著性检测、
修复与目标识别技术

第七章

水下遮挡目标的识别

7

深度学习和迁移学习在图像领域的广泛应用，为复杂场景目标识别开辟了新的道路。由于水下图像具有模糊、颜色偏暗、异物遮挡、背景复杂的特点，这些不利因素导致难以获取目标有效特征并影响目标的识别精度。基于上述问题，本章节设计多个方案实现水下目标探测，如图 7-1 所示。方案一：利用迁移学习迁移预训练模型实现水下遮挡图像识别。方案二：提出融合环境特征的水下遮挡图像方法，利用遮挡目标和遮挡物的交互作用实现遮挡目标的精准识别。方案三：提出基于两阶段图像重构策略的水下遮挡目标识别，先通过图像重构模型预处理水下遮挡图像，再利用目标识别模型对重构进行识别。

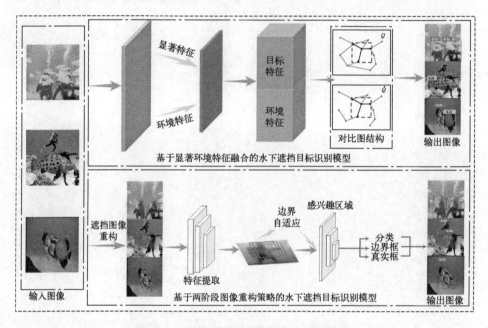

图 7-1　本书设计的水下遮挡目标识别框架

第一节
基于迁移学习的水下遮挡目标识别

　　复杂的水下环境导致捕获水下目标样本数量少且目标信息严重缺失。针对上述问题，本节提出基于迁移学习的水下遮挡目标识别方法。

一、迁移学习介绍

人类在学习一项任务的过程中善于总结经验，当涉及新任务时便利用前期积累的知识和经验来解决新的问题。利用过去的知识和经验尝试学习新的任务，这就是迁移学习。在迁移学习中通常用字母 D 来表示领域[162]，因此源域和目标域可以表示为式(7-1)、式(7-2) 的形式。

$$D_S = \{(x_{kS}, y_{kS}), x_{kS} \in X_S, y_{kS} \in Y_S, 1 < k \leqslant n\} \tag{7-1}$$

$$D_T = \{(x_{kT}, y_{kT}), x_{kT} \in X_T, y_{kT} \in Y_T, 1 < k \leqslant n\} \tag{7-2}$$

其中，X_S、X_T 分别为源域、目标域的特征空间；Y_S、Y_T 分别为源域、目标域的标签空间；(x_{kS}, y_{kS})、(x_{kT}, y_{kT}) 分别为源域 D_S、目标域 D_T 的一个样本。定义域的边缘概率分布用 $P(D) = P(X, Y)$ 表示，则源域和目标域的边缘概率分布分别用 $P(D_S)$、$P(D_T)$ 表示。假设任务用 T 来表示，$T = \{y, f(\cdot)\}$，则 T_S、T_T 分别用来表示源域、目标域的任务。在迁移学习中，源域和目标域不同，即 $D_T \neq D_S$，任务也可能不同，即 $T_S \neq T_T$。

二、基于自适应多特征集成迁移学习模型

针对单一迁移学习模型在处理复杂的图像时效果并不理想的问题，同时考虑到异构迁移具有特征差异性问题，本节提出了基于自适应多特征集成迁移学习模型[163,164]。设矩阵 $\boldsymbol{Z}$ 为映射矩阵，源域矩阵、目标域矩阵分别用 $\boldsymbol{X}_S$、$\boldsymbol{X}_T$ 表示，矩阵 $\boldsymbol{P} = [\boldsymbol{X}_S, \boldsymbol{X}_T]$ 表示两个领域所有样本矩阵，则特征差异自适应的优化目标函数可以表示为式(7-3)、式(7-4) 的形式。

$$\min_{Z} \sum_{k=1}^{K} t\gamma \left[\boldsymbol{Z}^{\mathrm{T}} (\{\boldsymbol{P} [\gamma \boldsymbol{Q}_k + (1-\gamma)\boldsymbol{Q}_d] \boldsymbol{P}^{\mathrm{T}}\} + X_h)\boldsymbol{Z} \right] + \lambda \parallel A \parallel_F^2 \tag{7-3}$$

$$\mathrm{s.\,t.} \ \boldsymbol{Z}^{\mathrm{T}} \boldsymbol{P} \boldsymbol{B} \boldsymbol{P}^{\mathrm{T}} \boldsymbol{Z} = \boldsymbol{A} \tag{7-4}$$

其中，矩阵 $\boldsymbol{B}$ 表示中心矩阵；矩阵 $\boldsymbol{A}$ 为单位矩阵；γ 表示分布平衡因子；$\boldsymbol{Q}_d$ 分别表示 MMD 矩阵；$\boldsymbol{Q}_k$ 表示适配各个类别的 MMD 矩阵；X_h 表示类内距离。同时为了避免公式出现退化解，在公式中加入 $\parallel A \parallel_F^2$ 项。

将式(7-3) 目标函数问题转化为拉格朗日函数，表示为式(7-5)。

$$L = t\gamma \left[\boldsymbol{Z}^{\mathrm{T}} (\{\boldsymbol{P} [\gamma \sum_{k=1}^{k} \boldsymbol{Q}_k + (1-\gamma)\boldsymbol{Q}_d] \boldsymbol{P}^{\mathrm{T}}\} + X_h + \lambda \boldsymbol{A})\boldsymbol{Z} \right] +$$
$$t\gamma (\boldsymbol{A} - \boldsymbol{Z}^{\mathrm{T}} \boldsymbol{P} \boldsymbol{B} \boldsymbol{P}^{\mathrm{T}} \boldsymbol{Z}) \tag{7-5}$$

对式 (7-5) 求偏导，令 $\dfrac{\partial L}{\partial A}=0$，优化问题可以转化为式 (7-6)。

$$\left\{ \boldsymbol{P}\left[\mu\sum_{c=1}^{c}\boldsymbol{W}_c+(1-\mu)\boldsymbol{W}_m\right]\boldsymbol{P}^{\mathrm{T}}+S_w+\lambda I\right\}\boldsymbol{Z}=\boldsymbol{PHP}^{\mathrm{T}}\boldsymbol{Z} \tag{7-6}$$

将公式用拉格朗日函数表示并且求出 a 个特征值，特征值所对应的特征向量即为映射矩阵 $\boldsymbol{Z}$。源域和目标域映射后记为 $\boldsymbol{Z}(S)$ 和 $\boldsymbol{Z}(T)$。对映射后源领域数据进行训练，获得分类器 f，然后对目标域数据进行分类。多次迭代收敛后最终迁移模型记为 ρ。

同一组源域和目标领域有 l 种特征提取方法。因此可以得到 l 种不同的迁移模型，记为 $\rho_1,\cdots,\rho_l$。通过互信息计算出的熵值记为 $\theta_1,\cdots,\theta_l$，得到最终的迁移预测函数 y 如式 (7-7) 所示。

$$y=\sum_{j=1}^{l}\exp(\theta'_j)\rho_j[Z_j(x)] \tag{7-7}$$

其中，$\theta'_j=\theta_j/(\theta_1+\cdots+\theta_i)$，$j\in\{1,\cdots,i\}$。

三、基于迁移学习的水下遮挡目标识别

对以深度神经网络为基础的目标检测模型来说，大多数模型在运算速度和检测精度上并不能有效协同。然而基于 Darknet-53 网络结构的目标检测模型无论运算速度，还是检测精度都具备一定的优势。本节引入 YOLO-v3 目标检测模型，并将其在含有水下目标的数据集进行训练，得到网络权重参数。将经过训练的目标检测模型去掉最上面的检测层，保留基于 Darknet-53 网络结构与特征提取层的权重。然后通过所提出的基于自适应的多特征集成迁移学习的迁移策略，将已训练好的目标检测模型迁移到水下目标检测领域。

1. 实验设置

ImageNet 数据集在深度学习领域应用非常广泛，其主要应用在图像分类、定位、检测等研究领域。ImageNet 数据集中拥有着 1400 多万张照片，达到 2 万种类别。其中训练集中包含 12 万张图像，验证集中包含 5 万张图像，检测集中包含 10 万张图像。本节将 Underwater Target 数据集图像融入在 Image 数据集上大规模训练过的 YOLO-v3 目标检测模型，得到网络权重参数，并去掉经过训练的目标检测模型最上面的检测层，保留基于 Darknet-53 网络结构与特征提取层的权重，迁移到水下目标检测领域。迁移模型在 UT 数据集上经过少量的图片训练权重，最终得到水下目标检测模型。

2. 水下残缺图像识别实验与结果分析

本节选用 SSD 识别模型与 YOLO-v3 识别模型作为对比模型，选取金鱼、潜艇和蛙人作为实验识别目标。为了模拟水下图像目标信息缺失现象，本节对待识别目标进行了掩膜处理。将信息完整的目标物识别与信息缺失的目标物识别对比，更能直观地展示实验结果。运行结果如图 7-2 所示。从实验结果中可以得到，在图像完整的实验中，三种算法都能实现目标检测。在图像不完整的实验中［实验（e），实验（f）］，SSD 由于目标特征不足，无法实现水下图像目标识别，YOLOv3 在有少量目标信息缺失时，可以实现目标识别［实验（f）］。但是，当目标信息缺失严重时［实验（e）］，就不能实现目标识别。本节所提模型在目标特征不足时也能有效识别。

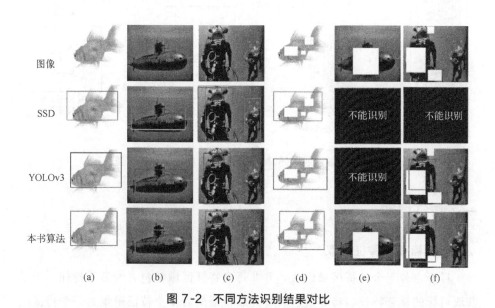

图 7-2　不同方法识别结果对比

第二节
基于融合显著环境特征的水下遮挡目标识别

图像目标物体和背景物体存在交互关系，物体间这种交互关系将对遮挡目标识别有一定的潜在影响。因此，本节利用这种潜在关系协助模型实现图像处理的相关任务，其原理如图 7-3 所示。

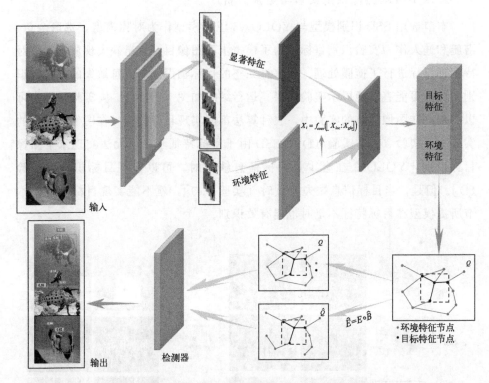

图 7-3 融合显著环境信息的水下遮挡目标识别模型

一、特征提取

1. 目标显著特征提取

目标由若干个特征区域组成，并非每个特征区域都包含着显著特征。为了获取目标的显著特征，将邻近且具有连续特征的若干个特征聚集为一个特征区域 Z，并将该特征区域 Z 的信息定义为 O。为了获取目标的显著特征，将特征 O 输入到一个多连接层的网络中[165]。可以得到式(7-8)。

$$X = \lambda \phi_z(O : \rho_z) \times (w, h) \qquad (7-8)$$

其中，X 表示深度语义特征；ρ_z 表示多连接层网络的学习参数；ϕ_z 表示连接层的输出；λ 表示预设定权重，用于调制网络的输出；w 和 h 分别表示特征区域的宽和高。

本节设计通过特征之间的距离有效计算特征间差异。特征间的距离可以表示为式(7-9)。

$$d(x_i, x_j) = \sum_{i=1}^{k} \sum_{j=1}^{k} (x_i - x_j)^{\mathrm{T}} M_k (x_i - x_j) \qquad (7\text{-}9)$$

其中，k 表示该区域特征的个数；M 表示区域的特征相关的正半定矩阵，即可通过统计特征之间的距离得到特征区域的显著特征。定义 X_s 表示特征区域 Z 的显著特征，$P(X_s, Z_l)$ 表示特征 x 在区域 Z 中的权重。则 $P(X_s, Z_l)$ 可以表示为式(7-10)。

$$P(X_s, Z_l) = \frac{N(X_s, Z_l)}{N(X, Z_l)} \qquad (7\text{-}10)$$

其中，$N(X_s, Z_l)$ 表示显著特征在该区域的分布。计算特征之间的距离后，利用特征之间的差值来确定显著特征相对于指定区域的显著度，其原理如式(7-11) 所示。

$$S(X_s, Z_l) = \sum_{k=1}^{n(Z_l)} P(x_k, Z_l) d(x_s, x_k) \qquad (7\text{-}11)$$

其中，$S(X_s, Z_l)$ 表示显著特征 X_s 在特征区域 Z_l 的显著度。在基于单个特征区域的显著特征获取的原理上，进一步融合区域间显著特征的相对加权显著度如公式(7-12) 所示。

$$D(Z_l, Z_m) = \sum_{t=1}^{n(Z_m)} \sum_{k=1}^{n(Z_l)} P(x_t, Z_m) P(x_k, Z_l) d(x_i, x_j) \qquad (7\text{-}12)$$

通过以上过程可以获得显著特征的显著度，如式(7-13) 所示。

$$S(X_s) = \sum_{Z_m \neq Z_l} w(Z_l) D(Z_l, Z_m) \qquad (7\text{-}13)$$

其中，$w(Z_l)$ 表示显著特征区域在整个目标中所占比例权重，$S(X_s)$ 表示显著特征在目标区域中的显著度。可赋予目标独有特征较高的权重，以解决目标因难于提取或数据复杂难以精确识别的问题。

2. 环境特征提取

复杂水下环境使水下目标被异物遮挡，增加了识别难度。然而图像中各个区域并非独立的，环境信息和目标信息之间存在隐含关系，这种关系可以协助提高模型的识别能力。本节将致力于获取环境信息以提高目标的识别能力。首先依据提取的目标显著特征获取局部环境特征信息[166]。其原理如式(7-14) 所示。

$$X_{\mathrm{loc}} = f_R(X_S; H, W) \qquad (7\text{-}14)$$

其中，f_R 表示局部环境特征的提取函数，H 和 W 表示输入图像的宽和高，X_{loc} 表示提取到的图像的局部环境信息。

为了获取更多的环境特征，通过图像特征聚合出全局级别的环境特征，其原理如式(7-15)所示。

$$X_{glo} = f_G(X_S; H, W) \tag{7-15}$$

其中，f_G 表示全局环境特征的提取函数，X_{glo} 表示提取到的图像的全局环境信息。

通过卷积层将局部环境特征和全局环境注意特征融合，即可得到环境特征，其原理如式(7-16)所示。

$$X_t = f_{couv}([X_{loc} : X_{glo}]) \tag{7-16}$$

其中，f_{couv} 表示卷积运算；$[:]$ 表示串联；X_t 表示提取到的环境特征信息。

为了更大程度上地获取环境特征和目标的动态性关系，提升环境信息对目标检测的作用，获得可以为对象检测提供更相关、更可靠的环境信息[167]，可进行如式(7-17)所示的计算。

$$X_{inr} = f_{inr}(X_S, X_T, \Omega[X_S, X_T], \Omega[X_T, X_T]) \tag{7-17}$$

其中，$\Omega[X_S, X_T]$ 表示环境特征和目标显著特征之间相关性；$\Omega[X_T, X_T]$ 表示环境特征之间的相关性；f_{inr} 为动态编码函数；X_{inr} 表示通过网络提取的更相关、更可靠的环境信息。

二、交互作用

上文提取到的目标显著特征 $X_S = \{x_{s1}, x_{s2}, \cdots, x_{sn}\}$，其中 n 表示显著特征向量的个数。所获取的环境特征信息为 $X_T = \{x_{T1}, x_{T2}, \cdots, x_{Tm}\}$，其中 m 表示环境特征向量的个数。将得到的每一个特征向量视为一个节点 $V = \{v_1, v_2, \cdots, v_a\}$，由三层带有 ReLU 注意的 GraphConv 层构成。将通过 GraphConv 层检索的与节点 v_a 相关的特征表示为 P，Y 表示节点 v_a 特征向量的更新[168]。图像目标和背景之间的隐含关系构建原理如式(7-18)所示。

$$Y^{(m+1)}(v) = f_1^{W_1^m}[Y^{(k)}(v), f_2^{W_2^m}(\{Y^{(k)}(\omega) | \omega \in P(v)\})] \tag{7-18}$$

其中，m 表示层数；W_1、W_2 表示学习参数；$f_2^{W_2^m}$ 表示 $P(v)$ 的聚合函数；$f_1^{W_1^m}$ 表示合并邻域。节点的输出特征表示通过线性变换可得到式(7-19)。

$$e_{i,j} = \gamma[W(Y_i \| Y_j) + d] \tag{7-19}$$

其中，$\gamma(\cdot)$ 表示 sigmoid 函数；$\|$ 表示串联运算；$e_{i,j}$ 表示节点 i 和 j 之间的距离参数。

将节点到节点之间的距离参数集合记为 $E=\{e_{1,2},e_{1,3},\cdots,e_{i,j}\}$，若节点间具有隐含关系，其值为 1，若节点之间没有关系，其值为 0。因此构建出来的特征之间的网络关系可以表示为 $Q=(V,E)$，如此就构建了图像目标和背景之间的隐含关系。

然而构建目标和背景之间的隐含关系需要庞大的计算量。为了减少检测模型在训练时的计算量，本节引入正、负样本学习的思想提高模型训练效率。通过掩膜矩阵随机去除原始图像目标和背景关系结构的边缘及遮掩节点特征，则其原理可以表示为式(7-20)。

$$\hat{E}=E\circ\hat{B} \tag{7-20}$$

其中，$\hat{B}$ 表示随机掩膜矩阵。为了更好地表示随机掩膜矩阵，用 $\widetilde{m}\in\{0,1\}^F$ 表示随机掩膜矩阵的向量。若其为 1，则掩盖该节点。得到的随机掩膜后的节点向量可以表示为式(7-21)。

$$\hat{V}=[v_1\circ\widetilde{m};v_2\circ\widetilde{m};\cdots;v_N\circ\widetilde{m}]^{\mathrm{T}} \tag{7-21}$$

其中，[;]表示连接运算符。则生成的对比图结构可以表示为 $\hat{Q}=(\hat{V},\hat{E})$。

三、目标识别及损失函数

本节所提的目标识别模型是基于 Fast R-CNN 模型改进的。将显著特征网络和环境特征注意机制嵌入到特征提取阶段，以获取目标的显著特征和环境特征，解决目标因遮挡而数据不足的问题。同时为了增强目标与环境之间的隐含关系，构建显著特征和环境特征网络结构，如图 7-4 所示，借助于环境信息提高目标的识别率。

本节通过负样本的学习，以促进模型更大程度地学习正样本特征，因此提出对比性学习损失。对任意一个节点，将构建与其他节点不同的正、负关系结

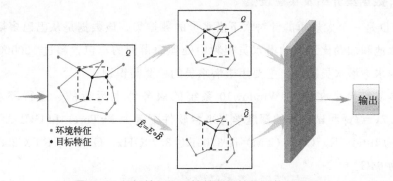

图 7-4　目标特征和环境特征图神经网络原理图

构。通过对比性学习损失以区分同一节点的嵌入与其他节点的两个不同关系结构。为计算两个关系结构 Q 和 $\hat{Q}$ 之间的关系，定义关系函数 $\eta(v,\hat{v})=f[G(v),G(\hat{v})]$。其中 $f(\cdot)$ 表示归一化函数，而 G 表示非线性投影函数。则目标函数可以表示为式(7-22)的形式。

$$l(v_i,\hat{v}_j)=\frac{\mathrm{e}^{\frac{\eta(v_i,\hat{v}_j)}{\sigma}}}{\mathrm{e}^{\frac{\eta(v_i,\hat{v}_j)}{\sigma}}+\sum_{k=1}^{a}\gamma_{k\neq i}\mathrm{e}^{\frac{\eta(v_i,\hat{v}_k)}{\sigma}}+\mathrm{e}^{\frac{\eta(v_i,v_k)}{\sigma}}} \tag{7-22}$$

其中，$\gamma_{k\neq i}\in\{0,1\}$ 表示指标函数，当 $k\neq i$ 时，其值取 1。σ 表示学习参数，其值一般为 0.5。因为两个视图是对称的，所以另一个视图的损失定义类似于 $l(v,u)$，则整体的对比损失可以表示为式(7-23)。

$$l=\frac{1}{2a}\sum_{i=1}^{a}[l(v_i,\hat{v}_j)+l(\hat{v}_i,v_j)] \tag{7-23}$$

本节所提出的水下遮挡目标检测模型对整个网络进行端到端训练，总损耗计算如式(7-24)所示。

$$l=\beta_1 l_{int}+\beta_2 l_{cc}+\beta_3 l_{conf}+\beta_4 l_{loc} \tag{7-24}$$

其中，l_{int}、l_{cc}、l_{conf}、l_{loc} 分别表示特征融合损失、对比损失、定位损失、置信度损失；β_1、β_2、β_3、β_4 分别表示特征融合损失、对比损失、定位损失、置信度损失的权重参数。

四、基于融合显著环境特征的水下遮挡目标识别仿真与结果分析

在本节中将设计大量的实验来验证所提出的融合显著环境特征的目标识别模型性能。并与现有的方法分别在 UIEB、Video Diver（VD）和 UT 三个数据集上对比验证，具体实验内容如下。

1. 数据集介绍及实验设置

VD 是一个大规模的针对水下潜水员的数据集。该数据是从巴巴多斯海岸附近泳池和加勒比地区的潜水员视频中处理而得到的，包含超过 100000 张带注释的水下潜水员图像，主要用于潜水员的检测与识别。

本节实验是在基于 Window10 系统的服务器上运行的，运行环境 Python3.7，编译测试所用的深度学习平台软件配置为 PyTorch 和 CUDA v1.0，CPU 为 Intel（R）Core（TM）i7-8700K@3.70GHz，GPU 为 RTX 2080 Ti，内存为 64G。

本节设计的实验基于 UIEB、VD 和 UT 三个数据集。在这三个数据集中

选取 5000 张不同场景且未标记的蛙人图像，同时选取 300 张含有标签且存在遮挡现象的蛙人图像。图像尺寸均被缩放至 227×227。选用五个方法与所提模型进行对比，这五个方法分别为 SSD、Faster R-CNN、YOLO-v4[169]、YOLO-v5 和 HCE。用 SGD 优化器分别对所有模型进行训练。

2. 定性实验分析

本节进行三组不同场景的仿真实验，分别为：蛙人-蛙人遮挡识别、蛙人-鱼遮挡识别和蛙人-水下探测器遮挡识别。

（1）蛙人-蛙人遮挡识别（FMAN-FMAN）

复杂水下环境中充满未知危险，因此蛙人常常协同水下作业。潜水员分布在有限的作业区域中，受视角的影响会呈现蛙人之间相互遮挡的情况。蛙人之间相互遮挡影响蛙人的识别。为验证本章节所提算法针对此类场景具有较高的识别性能，选择大量的蛙人相互遮挡的图像进行识别实验。仿真结果如图 7-5

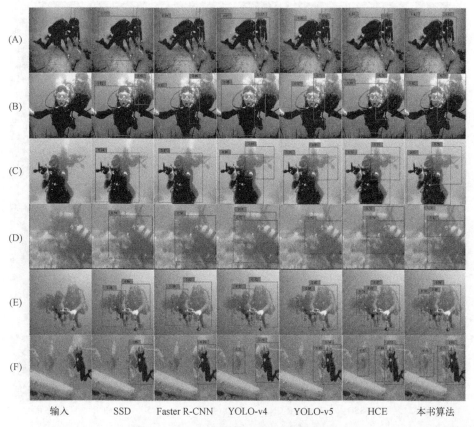

| 输入 | SSD | Faster R-CNN | YOLO-v4 | YOLO-v5 | HCE | 本书算法 |

图 7-5　蛙人之间相互遮挡识别仿真实验

第
七
章

所示，（A）和（B）为近景识别，但（B）存在着水花干扰；（C）和（D）为遮挡比较严重的识别实验；（E）和（F）背景复杂且为遮挡比较严重的识别实验。从实验结果中可以看出，SSD 和 Faster R-CNN 两个识别模型对有遮挡目标和模糊目标的识别能力有明显不足。例如（C）中后面蛙人存在遮挡现象，SSD 和 Faster R-CNN 两个识别模型未能将其识别。YOLO-v4 识别性能较前两者有所提升。然而针对背景复杂且遮挡严重的识别实验，也呈现出明显的不足。例如（E）和（F）中 YOLO-v4 并不能很好地识别位于后面的两个蛙人。如（D）、（E）和（F）所示，本书识别模型能够精准识别背景复杂且遮挡严重的目标。

（2）蛙人-鱼遮挡识别（FMAN-FISH）

水下有大量的浮游生物，其生命运动会遮挡水下物体，这无疑增加了水下物体识别难度。本节选择大量蛙人被鱼遮挡的图像进行识别实验。仿真结果如图 7-6 所示。（A）和（C）为背景单一的实验，其余为背景复杂的识别实验。

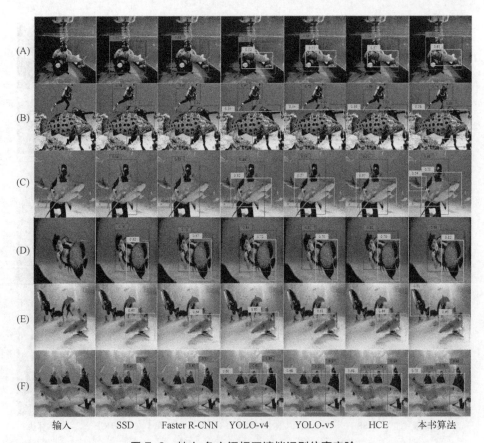

图 7-6　蛙人-鱼之间相互遮挡识别仿真实验

数字图像视觉显著性检测、
修复与目标识别技术

（B）、（C）和（D）为蛙人被鱼遮挡比较严重的识别实验。（E）和（F）为存在模糊且遮挡比较严重的识别实验。对实验结果分析可知，SSD 和 Faster R-CNN并不能对鱼有很好的识别性能。YOLO-v4 面对图像模糊且目标遮挡比较严重识别实验，也呈现出明显的不足，例如（F）中 YOLO-v4 并不能精准地识别蛙人。（E）中图像模糊比较严重，且蛙人目标小，识别比较困难。因此所有识别模型均不能有效识别，然而本书模型识别出的鱼的个数还是优于其他模型。因此本书所提出的识别模型能够适应蛙人-鱼之间相互遮挡场景的目标识别。

（3）蛙人-水下探测器遮挡识别（FMAN-UD）

水下人机协同作业更有利于水下环境的勘测。然而蛙人和水下探测器的姿态会导致两者之间相互遮挡，这将不利于蛙人和水下探测器的识别和定位。为验证本书所提模型针对此类场景具有较高的识别性能，选择大量的蛙人和水下探测器相互遮挡的图像进行识别实验。仿真结果如图 7-7 所示，最左边的一列

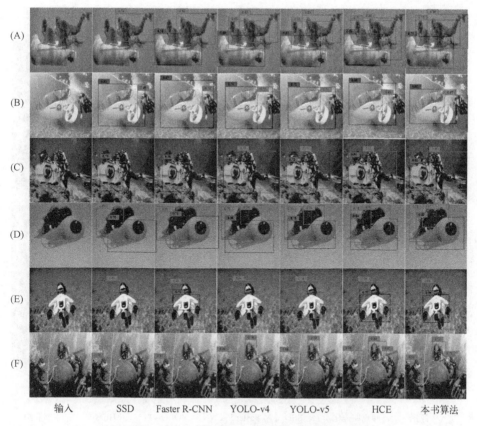

图 7-7　蛙人-水下探测器之间相互遮挡识别仿真实验

输入的是因蛙人与水下探测器之间相互遮挡引起目标特征丢失的水下图像。其他依次为 SSD、Faster R-CNN、YOLO-v4、YOLO-v5 和 HCE 目标识别模型对比。（A）为不同种类且轻微遮挡的识别实验，（B）、（C）、（D）和（E）为遮挡比较严重的识别实验，（F）为背景复杂且为遮挡比较严重的识别实验。如（A）、（C）、（F）的识别结果所示，SSD 和 Faster R-CNN 两个识别模型都呈现出了明显的不足。如（E）、（F）的识别结果所示，YOLO-v4 识别模型不能对目标实现精准有效的识别。如（E）和（F）所示，本书的识别模型能够精准识别背景复杂且遮挡严重的目标，在蛙人-水下探测器遮挡场景中存在一定的优越性。

（4）水下图像标识别实验的颜色归一化

水下图像因水的深度不同而出现不同的颜色。图像的背景颜色不一致对图像识别有一定影响。本书在此尝试消除图像颜色不一致带来的影响，因此对图像进行简单的预处理，图 7-8 第二列显示了图像颜色归一化的效果。其他各列

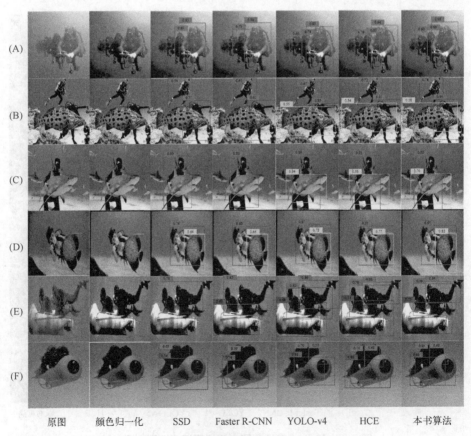

图 7-8　水下图像颜色归一化识别实验

数字图像视觉显著性检测、
修复与目标识别技术

从左到右分别是对比算法和本书的图像识别模型的识别结果。从识别结果中可以看出，部分图像目标的识别置信度比未预处理前的置信度有所改善，说明预处理或图像增强将有利于水下目标的识别，在未来研究工作中，笔者将会进一步关注该领域的研究工作。

3.定量实验分析

由于个体的差异、个人的喜好等主观因素的影响，对实验结果的评价会在一定程度上存在片面性。为了获取更准确的识别结果的质量评价，本节将从客观数据层面对 SSD、Faster R-CNN、YOLO-v4、HCE 和 Ours 目标识别模型进行定性分析。本节引入 AP、mAP 两个目标识别评价标准，从客观数据上对各目标识别模型的目标识别结果进行分析。三个不同场景仿真实验对应的客观数据如表 7-1 所示。为了更直观地说明，将三种不同场景的平均识别精度值用三维图表示，如图 7-9 所示。在蛙人-蛙人遮挡场景中，本书对蛙人的识别精度优于其他物体识别模型。在蛙人-鱼的遮挡场景中，所提模型对鱼的识别模型的识别精度低于 HCE 识别模型，但平均识别精度为70.64%，明显优于其他识别模型。在蛙人-潜水器遮挡场景中，所提模型对蛙人的识别精度为 81.23%，对潜水器的识别精度为 75.43%，明显优于其他识别模型。与其他模型相比，其平均识别精度为 80.07%，平均识别精度提高了 2.38%。

表 7-1　不同模型在三个不同场景识别结果的 AP、mAP 值

Methods	FMAN-FMAN	FMAN-FISH			FMAN-UD		
	AP/mAP	AP（FMAN）	AP（FISH）	mAP	AP（FMAN）	AP（UD）	mAP
SSD	71.55	68.56	32.41	49.72	51.48	53.85	52.65
Faster R-CNN	80.67	70.24	35.64	55.53	49.18	54.16	51.73
YOLO-v4	87.27	74.68	38.36	59.44	73.64	59.16	68.64
YOLO-v5	85.53	72.47	35.28	57.43	70.19	56.88	62.93
HCE	88.21	84.67	50.08	69.38	78.59	76.72	78.21
Ours	89.54	88.43	48.42	70.64	81.23	75.43	80.07

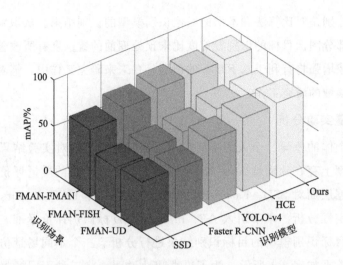

图 7-9　不同模型在三个不同场景识别 mAP 值

第三节
基于两阶段图像重构策略的水下遮挡目标识别

图像的质量在一定程度上影响图像目标识别精度，因此，本节提出了基于两阶段图像重构策略的水下遮挡目标识别算法。算法框架如图 7-10 所示。

首先，利用所提水下残缺图像修复模型和水下精细重构模型对 AUV 视觉传感器获取的原始水下图像进行预处理，提高待识别目标的图像质量；其次，构建具有特征自适应边界回归的目标识别模型，弥补因标注过程不确定性造成的真实边界框中的模糊现象；最后，利用所构建的两阶段图像处理策略，实现对水下残缺目标的重构与识别。

一、自适应边界回归的目标识别模型

水下物体因异物遮挡存在真实边界框模糊现象。为了解决这一问题，本节提出了构建具有特征自适应边界回归的目标识别模型。目标识别的关键是精准识别和定位。如图 7-11 所示，本书提出的目标识别模型分为两个阶段。第一阶段为获取候选框。目标识别模型利用 VGG-16 模型网络提取水下目标显著特征，并在最后一个共享卷积层输出的卷积特征图上滑动一个小网络。该小网络以输入卷积特征映射的 $n \times n$ 空间窗口作为输入。在每个滑动窗口位置同时

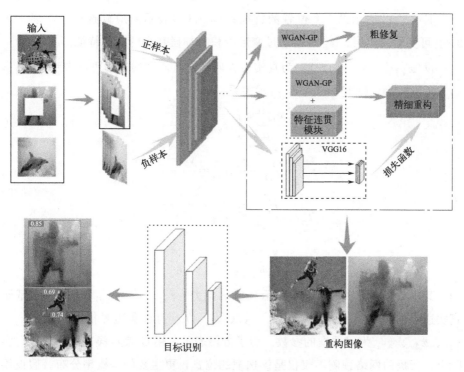

图 7-10　两阶段图像重构策略的水下遮挡目标识别模型

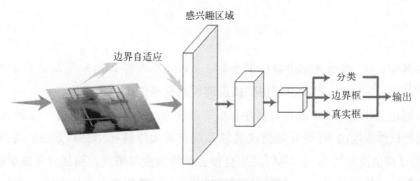

图 7-11　重构目标识别网络

预测多个区域提议，每个位置的最大可能提议数表示为 K，因此在 reg 层会产生 K 个候选框的坐标，同时 cls 层每一个候选框提议对象的置信度。一般情况下，滑动窗口的尺寸为 3×3，在每个滑动位置产生 9 个候选框。然而候选框的形状因位置而异，大候选框区域对应一个较大内容编码区域，小候选框区域对应小编码区域表示。其原理如式（7-25）所示。

$$x'_i = \Phi(x_i, w_i, h_i) \qquad (7\text{-}25)$$

其中，x_i 表示第 i 个位置的特征；(w_i, h_i) 表示对应候选框；Φ 表示为 3×3 可变形卷积层；x'_i 表示通过变形卷积与补偿获得的映射特征。

设 $(x_1, y_1, x_2, y_2) \in \Re^4$ 为真实边界四维向量，则候选框可以表示为 $(x_{1a}, y_{1a}, x_{2a}, y_{2a})$，则有式（7-26）所示关系。

$$t_{x1} = \frac{x_{1a} - x_1}{w_a}, t_{x2} = \frac{x_{2a} - x_2}{w_a}$$

$$t_{y1} = \frac{y_{1a} - y_1}{h_a}, t_{y1} = \frac{y_{2a} - y_2}{h_a}$$

$$\qquad (7\text{-}26)$$

$$t'_{x1} = \frac{x'_1 - x_1}{w_a}, t'_{x2} = \frac{x'_2 - x_2}{w_a}$$

$$t'_{y1} = \frac{y'_1 - y_1}{h_a}, t'_{y2} = \frac{y'_2 - y_2}{h_a}$$

其中 t_{x1}、t_{x2}、t_{y1}、t_{y2} 表示预测的偏差；t'_{x1}、t'_{x2}、t'_{y1}、t'_{y2} 表示基于真实边界框的补偿；x_1、y_1、x_2、y_2、w_a、h_a 为真实边界框的参数；x_{1a}、y_{1a}、x_{2a}、y_{2a} 为候选框的参数。为了方便表示，用 G 表示候选框的坐标。实际上，所提的网络预测不仅仅是候选框的位置，更主要的是概率分布。假设候选框的坐标是独立的，则获得概率分布的原理为式（7-27）。

$$P(G) = \frac{1}{\sqrt{2\pi\sigma^2}} \mathrm{e}^{-\frac{(G_a - G)^2}{2\sigma^2}} \qquad (7\text{-}27)$$

其中，G_a 表示真实边界框的坐标；σ 表示标准差，用来测量估计的不确定度。当 $\sigma \to 0$ 时，表示识别框架提议的候选框是值得被考虑的。

通过上述过程获取的候选框并非都是有效的，因此需要对其进一步地筛选。根据提议候选框的 cls 评分对提议区域采用非最大抑制（NMS）方法。将 NMS 的 IOU 阈值设定为 0.7。NMS 并不会损害最终的检测精度，而是大大减少候选框的数量。使用排名前 n 的提议区域进行检测，最终实现目标的检测与识别。

提出的识别框架使用多任务损失的端到端方式进行了优化。除了传统的分类损失和候选框定位损失外[170]，引入了候选框形状预测损失 l_s 和提议-本地回归优化损失 l_k。

候选框形状预测损失可以表示为式（7-28）。

$$l_s = l_1 \left[1 - \min\left(\frac{w_a}{w}, \frac{w}{w_a}\right) \right] + l_1 \left[1 - \min\left(\frac{h_a}{h}, \frac{h}{h_a}\right) \right] \qquad (7\text{-}28)$$

提议-本地回归优化损失可表示为式(7-29)。

$$l_k = e^{-\lg\sigma^2}\left(\mid x_a - x\mid - \frac{1}{2}\right) + \frac{1}{2}\lg\sigma^2 \tag{7-29}$$

则整个识别框架的损失函数可以表示为式(7-30)。

$$l = \alpha_1 l_{\text{loc}} + \alpha_2 l_s + \alpha_3 l_k + \alpha_4 l_{\text{cls}} \tag{7-30}$$

其中，α_1、α_2、α_3、α_4 分别表示候选框定位损失、候选框形状预测损失、提议-本地回归优化损失、分类损失的优化函数。

二、 基于两阶段图像重构策略的水下遮挡目标识别仿真与结果分析

在本节中将会设计大量的实验来验证本书所提出的基于两阶段图像重构策略的水下遮挡目标识别算法的可行性，并与现有算法分别在 UIEB、SQUI 和 UT 三个数据集上对比验证，具体实验内容如下。

1. 实验设置

本章节实验是在基于 Window10 系统的服务器上运行的，运行环境 Python3.7。所用的深度学习平台软件配置为 PyTorch 和 CUDA v1.0。硬件配置：CPU 为 Intel（R）Core（TM）i7-8700K@3.70GHz，GPU 为 RTX 2080 Ti，内存为 64G。水下遮挡目标重构模型的学习率设置为 2×10^{-4}，$\beta=0.05$。权衡参数设置为 $\alpha_d=0.1$、$\alpha_c=0.1$、$\alpha_r=1$、$\alpha_R=0.001$。目标识别模型初始学习率设置为 0.01。训练轮数为 20 轮数和 40 轮数时将模型的学习率衰减 0.1。使用 SGD 优化器对模型进行训练。

本书设计的实验基于 UIEB、VD 和 UI 三个数据集。在这三个数据集中选取 10000 张不同场景且未标记的蛙人图像，同时选取 500 张含有标签且存在遮挡现象的蛙人图像。图像尺寸均被缩放至 227×227。

2. 水下遮挡图像重构

为验证本书提出算法能够有效重构水下遮挡目标，本节选取大量具有遮挡现象的蛙人图像，并用掩膜处理大量不具备遮挡现象的蛙人图像。掩码率为 $20\%\sim30\%$。学习率设置为 2×10^{-4}，$\beta=0.05$。权衡参数设置为 $\alpha_d=0.1$、$\alpha_c=0.1$、$\alpha_r=1$、$\alpha_R=0.001$。实验中本书算法与 GAN、CA 和 CSA 图像重构模型做对比。具体仿真结果如图 7-12 所示。

图 7-12 第一行为人工掩膜或异物遮挡的输入图像，从上到下依次为

图 7-12 不同模型重构水下遮挡目标的重构结果

GAN、CA、CSA 和 Ours 图像重构模型的重构结果，最后一行为原始图像，前四列为人工掩膜模拟图像遮挡的实验，后三列为自然界真实存在遮挡现象的实验。从图 7-12 中可以清晰地看到 GAN 在重构过程中存在信息大量丢失的现象，如第二列、第六列和第七列的实验结果。CA、CSA 重构模型虽然能够有效重构目标被遮挡的部分，但是存在模糊纹理并且重构区域模糊不清，如第二列、第四列的实验结果。如第三列、第四列、第六列的实验结果所示，本书所提模型重构算法能够有效地重构遮挡信息且重构区域纹理信息比较清晰。

3. 水下重构目标识别

为验证融合显著环境特征的水下遮挡目标识别算法的可行性，本节选取大量不同重构模型重构图像进行识别。图 7-13 的第一列为遮挡图像的识别结果，最后一列为原始图像的识别结果，其余从左到右依次为 GAN、CA、CSA、消融实验和 Ours 重构图像的识别结果。从实验结果中可以得知本书所提算法重构图像的识别效果要优于其他重构模型。如第二行本书所提方法的重构图像能够被有效识别，而其他方法的重构图像不能被有效识别。如第五行场景复杂的实验中，本书算法所得到的重构图像非常有利于水下目标的识别。

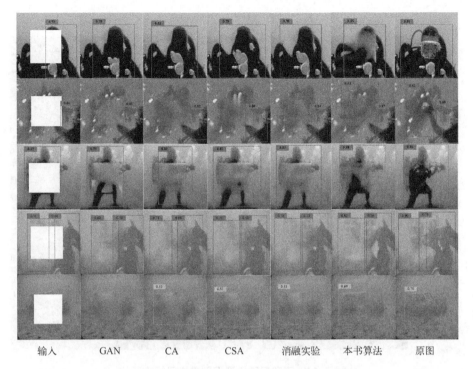

| 输入 | GAN | CA | CSA | 消融实验 | 本书算法 | 原图 |

图 7-13　不同模型重构水下遮挡目标的识别结果

　　上述实验针对不同重构模型重构图像进行识别，验证了本书所提算法的重构模型将更有利于目标的识别。为进一步证明本书提出算法的有效性，从本书所提算法重构图像中选取大量图像进行仿真实验。对比算法为 SSD、Faster R-CNN、YOLO-v4 识别模型。具体仿真结果如图 7-14 所示。从上到下依次为 SSD、Faster R-CNN、YOLO-v4 和本书识别模型的识别结果。奇数列为原图的识别结果，偶数列为重构图像的识别结果。如第三列，SSD 和 Faster R-CNN 两个识别模型不能有效识别鱼类，YOLO-v4 识别模型出现错误的判断，本书识别模型能够在主观分析上略优于其他模型。

　　为了获取更准确的重构结果质量评价，本书引入平均识别精度 mAP 值作为客观评价标准。SSD、Faster R-CNN、YOLO-v4 和 Ours 目标识别模型识别不同重构模型重构目标的平均识别精度 mAP 如图 7-15 所示。可以看出本书重构模型重构的水下目标更容易被识别，明显优于其他识别模型。且在针对不同重构模型重构图像的识别上，本书所提算法也有很好的展示。本书所提算法针对重构目标识别最高 mAP 为 78.36％，相比其他算法提高了 1.49％，与原始图像相比识别率提高了 14.16％

图 7-14　不同识别模型识别重构目标实验

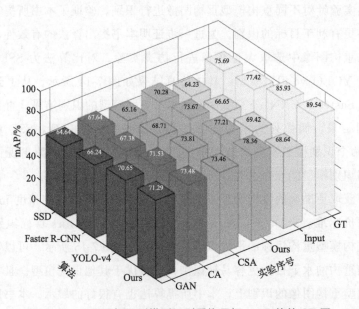

图 7-15　不同目标识别模型识别重构目标 mAP 值的 3D 图

应用案例

第一节
显著性检测在机器人目标抓取任务中的典型应用案例

与人类通过视觉系统获取大量外部环境信息进而传递给大脑做出决策的感知模式类似，未来智能机器人将主要依靠自身搭载的视觉传感器对所处环境进行深度感知。在机器人硬件结构基本成型的背景下，当前制约机器人智能化发展的核心技术问题主要来自于软件程序的决策与控制，其中作为数据获取最前端的机器人视觉环境感知是急需解决的代表性技术难题之一。本节以家庭环境下日常服务机器人为研究对象，在对基于视觉注意机制的单幅图像显著性和群组图像协同显著性检测算法深入研究的基础上，利用 RGB-D 传感器可以同时获取二维 RGB 图像和深度图像的特性，提出了从二维到三维的显著性目标提取方法，并将获取的三维显著性目标信息用于服务机器人障碍物感知、空间物体检测与定位等关键性环境感知技术，实现了服务机器人障碍物躲避和六自由度机械臂自主物体抓取等具体应用性任务。

一、服务机器人平台介绍

本节采用自主开发设计的服务机器人平台，通过自身搭载的视觉传感器和运动执行机构，能够应对自主移动、环境探索、物体检测、定位与抓取等多种室内服务任务需求，整体硬件结构如图 8-1 所示。

各主要硬件单元的技术参数在图 8-1 中做了简要说明，其中底层自主移动载体由能够满足复杂图像处理任务运算需求的凌华 MXC-6321D 工控机作为主控制器，视觉传感器选用微软公司生产的 Kinect V2，执行机构采用丹麦 Universal Robot 公司生产的 UR5 机械臂，执行机构末端搭载台湾兆铭弘科技公司生产的 REH-64 二指电动夹爪。下面对本节重点使用的底层自主移动载体和整体执行机构做具体介绍。

1. 自主移动载体

如图 8-1 所示，服务机器人底层自主移动载体外壳由铝型材框架结构组成，外部长、宽、高尺寸为 600mm×510mm×640mm，内部封装锂电池供电，能够在自身灵活移动的基础上，满足搭载 UR5 机械臂（18.4kg）的承重

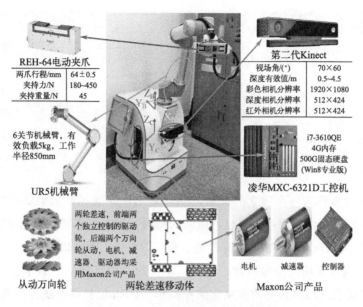

REH-64电动夹爪	
两爪行程/mm	64±0.5
夹持力/N	180~450
夹持重量/N	45

6关节机械臂，有效负载5kg，工作半径850mm

UR5机械臂

第二代Kinect	
视场角/(°)	70×60
深度有效值/m	0.5~4.5
彩色相机分辨率	1920×1080
深度相机分辨率	512×424
红外相机分辨率	512×424

i7-3610QE
4G内存
500G固态硬盘
(Win8专业版)

凌华MXC-6321D工控机

两轮差速，前端两个独立控制的驱动轮，后端两个万向轮从动，电机、减速器、驱动器均采用Maxon公司产品

从动万向轮　　　两轮差速移动体

电机　　减速器　　控制器

Maxon公司产品

图8-1　服务机器人平台硬件结构图

和供电要求。为保障系统运行安全，同时也为满足移动载体和搭载机械臂两个系统间单独或组合控制的切换需求，外置两个独立控制按钮，分别执行对移动载体自身和机械臂的锁死操作。

移动底盘采用两轮差速驱动的控制模式，即前端两个独立控制的驱动轮直径为170mm，后端两个万向从动轮直径为102mm，驱动和控制系统均采用瑞士Maxon公司生产的电机、减速器和驱动器，编码器选用台湾企城公司的HS28A。自主移动载体整体最大移动速度可达0.8m/s，最大加速度为0.2m/s^2。

移动载体下位机由内置凌华MXC-6321D工控机构成：采用i7-3610QE处理器，该处理器为四核心、八线程处理器，主频2.3GHz，最大睿频3.3GHz，总线频率可达5.0GT/s，同时配有4G内存，500G固态硬盘，安装Win8专业版操作系统。下位机可以通过有线和无线两种方式与上位机进行通信，接收上位机指令和返回数据信息。

2. 六自由度机械臂和电动夹爪

本章抓取系统的整体执行机构由图8-1中的六自由度UR5机械臂和二指电动夹爪构成。UR5具有六个旋转关节，各连杆间的D-H参数[171]如表8-1所示。

表 8-1 UR5 机械臂 D-H 参数

连杆 i	关节变量 $\theta_i/(°)$	杆长 $a_i/$mm	连杆偏置 $d_i/$mm	连杆扭角 $\alpha_i/(°)$
1	θ_1	0	89.2	90
2	θ_2	−425	0	0
3	θ_3	−392	0	0
4	θ_4	0	109.3	90
5	θ_5	0	94.75	−90
6	θ_6	0	82.5	0

　　UR5 可以作为一个独立的机器人系统使用，即通过厂家提供的控制箱直接对其进行界面化编程，同时也可以载入高层开发人员依据自身任务需求编写的指令程序。UR 公司提供的编程语言是 URScript 脚本级机器人控制语言，URScript 内置常用变量和函数，分为运动模块、内部模块、数学模块和界面模块，方便实现简单快速的模块化编程操作。UR5 机械臂系统控制精度较高，重复定位精度在 ±0.1mm，在未搭载末端执行机构且无遮挡的情况下，有效工作空间是以机座为球心的近似球体区域，球面半径为 85cm，如图 8-2 所示。

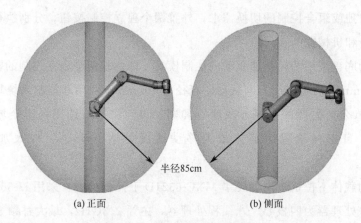

半径85cm

(a) 正面　　　　　　　　　　(b) 侧面

图 8-2 UR5 机械臂工作空间

　　在本章的服务机器人系统中，UR5 末端安装了二指电动夹爪，依据夹爪的尺寸，对其工作半径（Z 轴）做了 16.5cm 的补偿，同时其工作空间要去除被底部自主移动载体遮挡的区域。电动夹爪在机械臂移动到目标点后执行夹持物体的水平移动操作，总行程为 64±0.5mm，可在 1～100mm/s 的速度范围内，以 1mm/s 为单位设定移动速度，重复定位精度为 ±0.01mm，最大夹持重量为 45N，满足服务机器人对日常物品的抓取任务需求。

3. 视觉显著性应用分析

本书第三章针对单幅图像显著性检测问题提出了 CAMO 显著性检测算法，第四章针对群组图像间协同显著性检测问题提出了 TSG 协同显著性算法，两类视觉显著性检测技术虽然有着内在联系，但在实际使用时，仍需以应用任务为主导，全面衡量两类检测技术在检测准确度、算法实时性、目标选择记忆能力等方面所表现的差异性优势，进行合理的使用配置。

基于本书之前对显著性算法和协同显著性算法的相关研究，将两者各自优势总结如下：显著性算法基于单幅图像自身特征信息的处理手段，在遇到图像背景复杂或显著性目标差异性过大时检测精度会受到影响，且会以同样的指标衡量场景中出现的所有显著性目标，无法建立对某一类目标的约束条件，与协同显著性检测相比，其最大的优势在于能够快速检测出较为精确的显著性目标区域信息，比如所提 CAMO 算法平均每张图片的处理时间为 0.351s。而协同显著性算法的特点正好与显著性算法相反，即协同显著性算法因为考虑了多幅图像间的共同显著性关系，检测精度有了极大的提升，并可以实现对特定显著性目标的协同检测与分割识别，其最大的劣势就在于处理速度较慢，比如利用 SIFT 特征描述协同显著性目标的 CDR 算法，虽然检测精度很高，但平均处理一幅图片需要 30s 以上的时间，即使是本书提出的 TSG 算法也需要 2s 左右的处理时间。

同时分析自主服务机器人平台障碍物感知与躲避，空间物体检测、定位与抓取两类任务的特点。以躲避障碍物为最终目的的障碍物感知任务，首先要满足服务机器人运动决策的实时性需求，即需要在机器人移动过程中实时采集障碍物的相对位置信息，进而依据既定躲避策略及时调整运动位姿，避免与障碍物发生碰撞。相对来说，在实现对障碍物区域基础性描述的情况下，应更加注重检测算法的执行效率，所以应该选用显著性检测算法，对场景中同时出现多个障碍物的检测问题，也可以利用 Kinect V2 提供的深度信息，对检测出的多个障碍物进行深度值的约束，从而弥补显著性算法无法实现对特定目标进行检测的问题，且不会影响机器人做出正确的躲避决策。而以机械臂抓取为最终目标的物体检测与定位技术，则对检测精度有着较高的要求，必须对待抓取物体做出精准的定位，才能完成最终的物体抓取任务，且当场景中加入干扰物体时，需要记忆待抓取物体的信息，实现对前后场景中共同出现物体的检测与识别，因此应该优先选用协同显著性检测算法。

通过综合分析不同应用任务对视觉显著性技术的差异性需求，下面将分别介绍基于显著性检测算法的服务机器人障碍物感知和躲避方法，以及基于协同显著性检测算法的服务机器人物体检测、定位与抓取方法。

二、基于显著性检测的空间障碍物感知策略

障碍物检测是机器人环境感知系统的重要组成部分，指的是机器人通过实时分析各类传感器获取的环境数据，为机器人下一步运动决策提供全面有效的参考信息。传统移动机器人通常采用超声波、单目视觉、双目视觉或激光雷达作为障碍物检测的工具，但它们都存在一定的局限性。比如，超声波探测范围有限，不能覆盖机器人全身范围，往往需要与其他传感器配合使用；单目或双目相机虽然增大了探测范围和视场角，但其被动估计和解算深度信息的数学模型较为复杂，很难达到与机器人运动同步的实时处理，使机器人的运动轨迹不够连续和平滑，且相机传感器对光照非常敏感，需要较为严格的环境约束条件，否则会失去对障碍物的感知能力，或者会将障碍物阴影部分错误识别为障碍物；激光雷达探测精度和反馈时间都很优秀，其最大的劣势在于无法提供障碍物的全局信息，只能提供探测范围内的距离信息，若要实现对地面和悬挂障碍物的全方位检测，则需要在机器人底部、腰部、头部同时搭载多台激光雷达，这就会使开发成本急剧升高，不利于产品的大范围市场推广。

微软公司推出第一代 Kinect 后，出现了大量将其作为机器人环境感知传感器的研究成果，其中对障碍物检测问题的研究主要分为两大类：第一类是以文献 [172] 为代表的仅使用 Kinect 获取的深度信息进行障碍物检测的方法，该类方法的本质思想是用 Kinect 深度信息模拟激光雷达实时采集传感器视野范围内的距离信息，主观上放弃了 Kinect 获取的彩色图像信息，无法真实感知障碍物的物理信息，虽然开发成本较使用激光雷达降低很多，但在检测精度和实时性方面均远低于传统激光雷达避障方法。第二类是对环境进行三维地图创建，进而实现移动机器人导航的方法，该类方法计算量巨大，即使在 GPU 并行加速的情况下，仍无法满足动态场景下的实时地图创建，且受 Kinect 传感器有效深度测量范围在 5m 以内的影响，建图精度随测量距离的增加下降明显。

综合移动机器人障碍物检测技术的研究现状，本节提出基于显著性检测的空间障碍物感知策略。具体实现过程包括：利用服务机器人自主移动载体搭载的 Kinect V2 传感器，同时获取场景彩色图像和深度图，以显著性检测结果作为二维场景感知的有效预处理步骤，结合深度信息实现 RGB-D 显著性检测，

同步获取障碍物区域几何形状、颜色、与机器人相对位置等全方位信息，通过改进人工势场法实现服务机器人对障碍物的躲避，最终到达目标点。

1. 系统结构

本节通过服务机器人自身搭载的 Kinect V2 同时感知场景的 RGB 和深度信息，提出了基于显著性检测的空间障碍物感知策略，整体应用系统结构如图 8-3 所示。

本节研究对象为静态障碍物，即服务机器人从全局地图中的某点出发，通过感知场景中随机固定放置的障碍物信息，进行合理避障规划，最终移动到既定的目标点。从图 8-3 可以看出，服务机器人在执行障碍物检测和躲避任务时，需要将 UR5 机械臂收起，以增强移动平台的灵活性。从实验场景可以看出，障碍物篮球自身直径为 26.5cm，距离服务机器人 1m 左右，与所提 RGB-D 显著性感知策略获取的三维信息（图 8-3 下侧中部图像）具有高度的一致性，将感知的障碍物信息反馈给移动平台控制器，按照改进人工势场法作出避障指令，调整两轮差速驱动，实现对障碍物的躲避，指引服务机器人向既定目标点运动。下面将介绍所提改进人工势场法和整体实验结果。

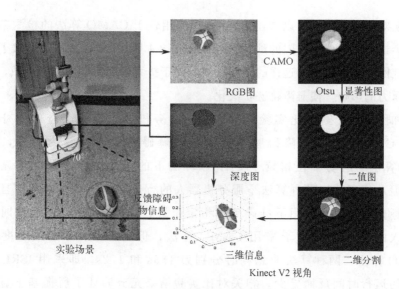

图 8-3　感知策略应用示意图

2. 实验结果

为了充分衡量显著性算法检测精度对障碍物感知、躲避路径和最终运行轨迹的影响，用本书第二章 ISRE 算法与第三章的 CAMO 算法做对比实验，设定服务机器人运动速度为 5cm/s，安全距离为 35cm，为保证避障效果，将采样时间间隔设为 5s，最终实验结果如图 8-4 所示。

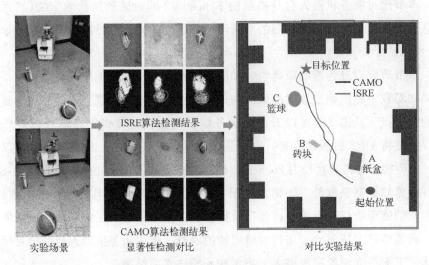

图 8-4　障碍物感知与躲避对比实验

从对比实验结果可以看出，ISRE 算法相较于 CAMO 算法的检测精度较差，会误检出障碍物周围的地面区域，如图 8-4 所示，ISRE 算法获取了显著图中红圈圈出的区域，这样的误检结果等同于扩大了障碍物的空间区域，增加了排斥力的影响，使避障轨迹扩大化。

如图 8-4 右侧对比实验结果所示，服务机器人在 A（篮球）、B（砖块）、C（纸盒）三个障碍物节点处，以障碍物所在位置为中心，采用 ISRE 算法的运动半径相较于 CAMO 算法下的避障路径有较为明显的扩大。但总体来看，两种算法下服务机器人的行进轨迹均较为平滑，且都能在目标位置吸引力作用下准确到达指定位置，虽然采用 ISRE 算法时服务机器人的总行程略高于采用 CAMO 算法，但 ISRE 算法检测速度优于 CAMO 算法，两种算法的总耗时分别为 163s 和 172s，即采用 ISRE 算法时总的运行时间反而更少。相关对比实验结果充分验证了所提基于显著性检测的障碍物感知方法的有效性，并从侧面说明在服务机器人执行以避障为目的的障碍物感知任务时，对检测算法的实时性要求高于对检测结果准确性的要求。

三、基于协同显著性检测的空间物体检测与定位方法

不同于工业机器人在固定模块化环境中对工业零配件的抓取，面向家庭环境使用的服务机器人智能抓取技术需要应对更加复杂的物体检测与定位问题。基于视觉的检测是服务机器人抓取任务中感知环境信息的重要途径，但是单纯的物体检测并不能为抓取系统提供足够的位置信息，必须结合深度信息对物体进行空间定位。在执行具体抓取任务时，除了定位的三维坐标信息，还需通过机械臂的正运动学和逆运动学解算，获取机械臂各关节的旋转角度，以确定末端执行机构的抓取位姿。可见基于视觉的物体抓取研究具有很强的应用价值，但同时又是一个难度较大的综合性课题。

类似于 Kinect 传感器在服务机器人障碍物感知中的应用，利用 Kinect 能够提供场景二维和深度数据的特点，可以简化从物体检测到空间定位的过程，基于 Kinect 以物体抓取为目标的视觉检测与定位研究受到了众多研究者的关注。Han[173] 等基于 Kinect 实现对桌面物体的定位，设计了由七自由度机械臂和三指灵巧手构成的桌面物体自动清理系统，但该系统实验场景设置过于简单，在实现目标分割的策略时，采用人为设置深度信息阈值的背景相减法，该方法受人为因素影响过大，分割结果也较为粗糙，且仅可以对单一目标进行定位，不具备对已检测目标的记忆能力。文献［174］利用 Kinect 环绕放置于平整桌面上的物体一周，连续采集 10~20 帧数据，通过在 RGB 图像中提取特征信息，建立多帧图像数据间的对应关系，对场景进行三维建模，该方法在先期对环境整体区域建模的基础上，通过平面拟合法和人为设定深度阈值去除桌面和背景等干扰点云。这种先整体建模后分割的方法计算量较大，且需要建立多种约束条件以消除环境中其他信息的影响，对目标物体的感知过程不符合人类第一时间感知显著性物体的视觉注意机制。基于此，以对空间物体的准确抓取为目标，本节提出一种基于协同显著性检测的服务机器人空间物体检测与定位方法。

1. 空间物体检测、定位及抓取策略

在自主服务机器人平台上利用 Kinect V2 感知空间物体位置信息，控制由 UR5 机械臂和二指电动夹爪构成的执行机构，实现对空间物体的抓取任务。首先利用本书第四章 TSG 协同显著性算法从多张 RGB 图像中检测出共同显著性物体，当场景中新加入非共同显著性物体时，可以实现对其的有效抑制，在尚未考虑深度信息的二维检测过程中，场景内物体位置可以随意变动。待确定

最终抓取场景信息后，采用 RGB-D 显著性检测策略，借助深度信息的对应关系确定待抓取物体质心的空间坐标，最后经机械臂逆运动学解算，将各关节旋转角度反馈给控制器，由控制器发送指令驱动机械臂完成物体抓取任务。抓取过程的具体步骤如下：

第 1 步：基于 TSG 算法协同显著性检测结果，确定抓取物体质心在二维图像中的像素坐标 (u, v)，和 Kinect V2 坐标系下物体质心的三维空间坐标 (x_c, y_c, z_c)。

第 2 步：对 Kinect 传感器和 UR5 机械臂进行手眼标定，以获取机械臂坐标系下物体质心的空间坐标 (x_b, y_b, z_b)。UR5 机械臂坐标系的坐标原点是机械臂底座的中心，Kinect 坐标系到机械臂底座坐标系间的转换关系如式 (8-1) 所示。

$$\begin{bmatrix} X_b \\ Y_b \\ Z_b \\ 1 \end{bmatrix} = \begin{bmatrix} \boldsymbol{R} & \boldsymbol{t} \\ 0 & 1 \end{bmatrix} \begin{bmatrix} X_c \\ Y_c \\ Z_c \\ 1 \end{bmatrix} \tag{8-1}$$

其中，$\boldsymbol{R}$ 是 3×3 的旋转矩阵，$\boldsymbol{t}$ 是 3×1 平移向量。需要说明的是，所用执行机构在外接 REH-64 二指电动夹爪后，通过测量夹爪的尺寸，在 UR5 控制台终端对机械臂末端 Z 轴坐标做了 165mm 的补偿，即连杆 6 的偏置从 82.5mm 补偿为 247.5mm。

第 3 步：根据获取的物体质心空间坐标 (x_b, y_b, z_b)，经机械臂逆运动学解算，确定机械臂各关节的旋转角度，并发送至 UR5 控制台，由控制台发送指令，驱动机械臂完成物体抓取任务。

在基础抓取任务之上，经简单设置即可扩展出多种应用任务。例如：以质心空间坐标为中心，设置移动范围，可以实现对抓取物体的提起、放下、平移等操作；也可以通过预设放置点坐标，实现对物体点到点的抓取与放置任务。下面将详细介绍机械臂运动学解算方法和具体抓取实验结果。

2. 实验结果

（1）实验过程

服务机器人根据 Kinect V2 传感器获取的场景信息，利用 TSG 协同显著性算法检测与定位出共同显著性物体质心的空间坐标，进而调整执行机构机械臂各关节旋转角度完成物体抓取任务，相关实验场景和实验过程如图 8-5 所示。

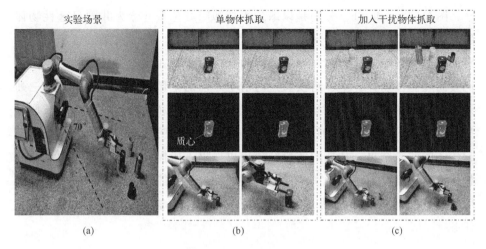

图 8-5 空间物体检测、定位与抓取实验过程

从图 8-5 可以看出，所提基于 TSG 协同显著性算法的空间物体检测方法在具体实施的过程中，对待抓取物体，必须先采集至少一对仅包含待抓取物体的 RGB 和深度图像，以确定共同显著性目标的属性，随后还需采集一对仅包含待抓取物体或加入其他干扰物体但必须包含有待抓取物体的 RGB 和深度图像，以构成图像间的共同显著性关系，为保证在后续加入干扰物体时，能够准确检测出待抓取物体，最好如图 8-5(b) 所示连续采集两对仅包含暗红色茶叶盒的 RGB 和深度图像，这样在加入如图 8-5(c) 所示干扰物体时，才会减少绿色水杯对协同显著性检测的影响，虽然本系统选用 TSG 算法具有较强的鲁棒性，能够抑制绿色水杯的干扰，但应当避免当选用的协同显著性算法鲁棒性不佳时，误将绿色水杯和茶叶盒均检测为共同显著性物体的情况。在确定待抓取物体茶叶盒区域的像素点集合 U 后，利用式（8-2）求取其质心的像素坐标 (u,v)。

$$(u,v) = \frac{1}{n} \sum_{n=1}^{n} (u_i, v_j)_n \qquad (8-2)$$

式中，(u_i, v_j) 代表像素点集合 U 中的像素点元素，n 为集合中元素的个数。

获取待抓取协同显著性物体质心的像素坐标后，即可完成抓取任务，如图 8-5(b) 和 (c) 第三行所示。下面以两种放置于小桌上的不同物体为待抓取对象，对所提方案进行实验验证和定位误差分析。

（2）抓取实验结果与分析

图 8-6(a) 和（b）分别是以绿色水杯和暗红色茶叶盒为共同显著性物体的抓取实验结果，第一行场景中只包含待抓取物体，第二和第三行场景中分别加入了不同的干扰物体，两组实验独立进行，即在每组独立实验中单独记忆共同显著性物体，下一组实验进行清空之前的记忆内容。第一列和第三列是执行器末端逼近待抓取物体的一帧图像，第二列和第四列是在完成抓取任务后，通过设定 250mm 垂直（Y 轴）方向的移动距离，实现对抓取物体提起任务的实验结果。从抓取实验结果可以看出，所提基于协同显著性算法的物体检测与定位方法利用图像间共同显著性关系，能够模拟记忆功能，排除后续场景中出现的干扰物体影响，实现对场景中共同显著性物体的抓取任务。

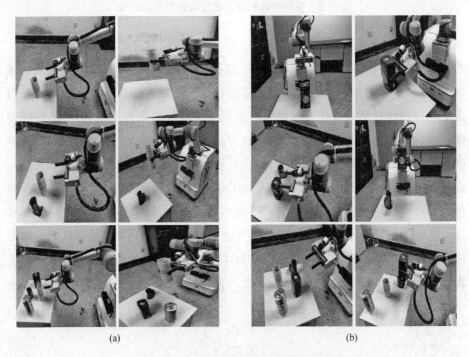

(a)   (b)

图 8-6　共同显著物体抓取实验结果

在实验过程中发现，执行器终端二指电动夹爪的中心与抓取物体中心并未完全重合，即在最终水平夹持操作时，一边的手指会先于另一边手指接触到物体，造成物体在夹持瞬间有轻微的位移。所以需要对所提方法的定位误差进行分析和补偿。表 8-2 显示的是图 8-6 中六次抓取实验中物体抓取点的定位坐标、实际测量坐标以及定位误差。从对比数据可以看出，所提基于协同显著性算法的物体抓取点定位方法误差在 15mm 以内，能够完成基本的抓取任务。但为了使抓取系统更加精确，对各坐标轴误差进一步深入分析，可以发现误差主要来自 Y 轴方向，对应的是坐标系转换之前 Kinect 传感器自身采集深度信息的误差，借鉴文献［175］对 Kinect V2 传感器误差的分析数据，在机械臂工作半径 1m 范围内，Kinect V2 的深度数据误差在 9～12mm，所以在实际使用过程中，应当对定位坐标的 Y 轴做 10mm 的补偿。

表 8-2　定位数据对比　　　　　　　单位：mm

待抓取目标	定位坐标	实际测量坐标	定位误差
绿色水杯	(55, 950, 97)	(57, 963, 94)	(2, 13, -3)
	(63, 862, 102)	(60, 874, 97)	(-3, 12, -5)
	(70, 925, 101)	(75, 940, 103)	(5, 15, 2)
茶叶盒	(83, 786, 140)	(79, 797, 146)	(-4, 11, 6)
	(75, 742, 98)	(81, 757, 93)	(6, 15, -5)
	(41, 801, 72)	(48, 814, 76)	(7, 13, 4)

第二节
水下目标识别在 AUV 场景感知任务中的典型应用案例

一、水下机器人的研究现状

水下机器人依据其控制方式可分为：遥控水下航行器（remotely operated vehicle，ROV）和 AUV。ROV 主要是利用通信和供电电缆与本体相连接，通过控制箱实时监测和控制 ROV 的运动。AUV 可自主执行预设任务，实现本体自主控制[176]。

为了维护海洋权益和展示国家实力，许多海洋大国在水下机器人领域的研究中投入大量资源并有着丰富的成果。美国作为最先研制出水下探测装置的国家，早在 20 世纪中叶，便设计出第一台 ROV 样机并实现了海底拍摄功能，随后水下机器人被广泛应用于民用领域。与此同时，美国逐渐加强了机器人在海洋军事上的影响力。例如，搭载 Silayan 系统的"金枪鱼-21"可自主执行水下鱼雷的探测和识别任务。世界上其他国家也纷纷建立实验室，积极开展机器人研制工作。具有代表性的水下机器人有美国的"Remus-600"号、日本的 KAIKO "海沟"号、瑞典研发的"Seaeye"号、斯坦福大学研发的"Ocean One"人形机器人等[177]。"Remus-600"号机器人和"Seaeye"号如图 8-7 所示。

(a) Remus-600　　　　　　　　(b) Seaeye

图 8-7　国外具有代表性的水下机器人

我国对水下机器人的研发和利用相比西方发达国家起步晚。1985 年，我国研发的第一台水下机器人"海军一号"成功潜入水底并执行水下图像采集任务。之后，国内许多高等院校相继开展了水下机器人的研究工作。浙江大学某团队研发了仿生智能机器人，该机器人利用一种基于软-硬共融的自主控制系统成功潜入某海沟，随着"8A4"ROV、"北极"ARV、"海龙"号等水下机器人的研发成功，证明了我国在水下机器人领域取得了一定的成就，具备自主研发的实力。这为我国积累了大量的水下机器人研制经验，促进了我国海洋开发、海洋管理智能化的发展。

二、图像处理技术在水下机器人领域的应用现状

图像处理技术在水下机器人领域的应用显著增加。Kumar 等人利用双目相机从不同角度采集图像，同时对采集到的信息进行立体校正和三维重建工作[179]。北京邮电大学某团队研发了仿生的两栖球形机器人，该机器人包含了实时目标检测和识别的系统[180]。哈尔滨工程大学某团队针对水下图像质量差、影响水下机器人探测的问题，依据水下机器人的特点设计了水下多介质相机模型，利用新模型标定了水下双目相机，并提出了颜色通道和暗通道结合的

水下图像处理技术，实现了目标的精准检测与定位[181]。

综上所述，国内外许多学者针对水下机器人领域的视觉研究做出了巨大贡献，然而在复杂场景或复杂计算场景中，AUV 对水下目标的识别精度和实时检测能力仍存在一定不足，这需要更多的研究者共同努力，突破瓶颈，打造海洋探测智能化。

三、机器人调试与水下图像识别

本书进行的研究工作是为了提高水下遮挡目标的识别精度，最终将应用于水下机器人领域。期间，笔者完成了水下机器人结构设计。为了验证本书所提算法的合理性和水下机器人的性能进行了试验验证，试验地点为河南科技学院西湖，利用带有线缆的水下相机采集与探测水下目标，其具体试验过程图 8-8 所示。

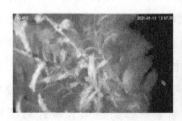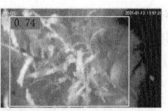

图 8-8　获取水下图像

从图 8-9 中可以看到，因受光照不均匀和水体浑浊的干扰，水下相机所采集的图像质量并不理想，这严重影响了水下目标的探测和识别。验证了所提研究背景具有一定的现实依据，同时验证了所提算法应用于水下机器人的可行性。

第三节
轻量级显著性检测在肉品智能化加工中的经典应用案例

一、轻量级显著性检测研究现状

显著性检测是一种将人类视觉中最关注的区域或物体从场景中分割出来的任务。在许多视觉任务中有着广泛的应用，包括图像分割[182]、图像检索[183]、物体检测[184]、视觉跟踪[185]、图像压缩[186] 和场景分类[187] 等。传统的方法主要依靠人工设计的底层特征和各种启发式的先验假设[177,188,189]。近年来由于卷积神经网络的迅速发展，基于深度学习的显著性检测方法在预测精度上有了极大的飞跃。但是，精度上提升的代价是更大的网络体积和更多的计算量。这些先进的显著性检测方法往往拥有庞大的模型体积，即使在拥有高性能显卡的设备上运行，速度也非常缓慢。因此这类模型应用场景受到了极大的限制，很难在机器人、移动设备和工业设备上发挥作用。因此，轻量级的显著性检测网络应运而生。轻量级显著性检测旨在保持一定预测精度的同时尽量减少模型尺寸，以提高运行速度。Liu 等人[190] 提出了一种基于立体多尺度注意力的方法，在每个编码阶段进行不同尺度的通道注意力和空间注意力操作。用逐元素加法代替通道维度连接来尽可能地减少参数数量。Li 等人[191] 提出了一种对光学遥感图像分割的显著性检测网络，利用自定义的轻量化 VGG-16 网络作为主干，使用一种相关模块来挖掘高级语义特征中的对象位置信息，生成粗显著图。随后在解码过程中建立细化子网络来逐渐优化粗显著图，最终生成精细显著图。Gao 等人[192] 基于实际应用需求提出了一种极其轻量化的显著性检测网络，模型参数数量仅 100k。在不使用预训练模型的情况下从头开始训练，达到了和使用预训练模型几乎相同的效果。总的来看，现有的轻量级显著性检测模型大多针对某种特定的应用。

二、国内外肉品智能化加工机器人技术发展状况

全球对畜禽类肉品消耗量巨大，自动化生产程度需求最高。当前大多数自动化屠宰设备的制造商集中在欧美等发达国家，并且通过与研究机构合作，已经将机器人技术引入到屠宰自动化生产线中。较为著名的厂商和研究机构有新西兰农业科学院 AgResearch、丹麦 SFK 系统有限公司、美国乔治亚州研究院、日本 Mayekawa Electric 公司、澳大利亚 Craig Mostyn 企业的 Linley Valley Fresh Pork 公司、丹麦肉类研究所等（如图 8-9 所示）。其中丹麦专注通用肉品切割装置研发，美国研发面向家禽的自动去骨工艺，澳大利亚研发胴体三维外形和骨骼的建模技术，日本研制剔骨加工机器人系统，澳大利亚和新西兰已部分实现绵羊和羔羊自主分割。然而，畜禽胴体的结构复杂性和个体差异性使得自主分割技术成为行业共性难题，目前还未见畜禽类肉品自主分割系统商业化应用的相关报道。

(a) 丹麦Frontmatec自动
线骨锯机器人

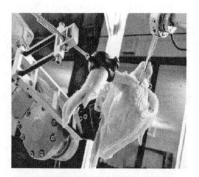
(b) 美国乔治亚州研究所(GTRI)
智能切割和剔骨机器人

(c) 日本Mayekawa Electric公司
剔骨加工机器人HAMDAS-R

(d) 德国Westfleisch集成库卡
机器人实现屠宰设备自动化

图8-9　国外肉品智能化加工机器人技术研究现状

　　我国研制畜禽屠宰自动化装备起步较晚，畜禽屠宰企业使用的屠宰、分割设备与西方发达国家相比还存在较大差距，基本处于手动或半自动状态，如摆动式烫毛机、滚筒式去毛机、反复式劈半机等；肉品分割主要依靠人工，工人及分割工具存在卫生安全风险；同时，人工分割工序复杂，各工序间协同能力差，导致分割效率和分割质量普遍较低。2013年，双汇集团通过收购全球最大的猪肉加工企业美国Smithfield Foods公司，推动了我国畜禽类肉品加工行业的现代化进程。青岛建华研发了基于分级管理报送数据的生猪屠宰监管技术系统、与ZigBee网络相融合的无线射频识别系统、畜禽产业技术体系生产监测与产品质量追溯平台等。济宁兴隆自主研发的猪体自动劈半机，实现了整个作业过程的自动化。吉林艾斯克研发了智能化家禽自动掏膛生产线。但畜禽肉品自主感知、快速切块、精准剔骨等核心技术还未取得实质性突破，亟须进行技术攻关。详见图8-10。

(a) 青岛建华食品机械制造有限公司
自动刨猪毛机器人

(b) 南京市宏伟屠宰机械制造有限公司
步进式胴体加工输送机器人

(c) 吉林省艾斯克机电股份有限公司
自动切肛机器人

(d) 常熟市屠宰成套设备厂有限公司
自动开剖输送机器人

图 8-10　国内肉品智能化加工机器人技术研究现状

三、基于轻量化显著性检测的畜类肉品骨骼在线定位

　　传统的猪肉剔骨工作普遍采用人工的方式。生产效率低、操作精度差、生产过程中易产生交叉污染，且占用了大量的人力资源。近年来，部分大型肉品加工企业局部采用了自动化剔骨设备。然而这些设备无法自适应胴体的差异性变化，极大地影响了剔骨机器人的精度。精准剔骨机器人的开发对畜类产品加工行业具有重大的推动作用。精准剔骨机器人依赖视觉模块对剔骨的路径进行精确的识别与规划。而从 X 射线图像中分割出骨骼对象是后续路径规划的重要前提。目前，利用深度学习的方法对 X 射线和 CT 图像进行分割或者分类多用于医学领域，这些方法对医学研究和诊断提供了极大的帮助。我们意识到，精准的猪肉 X 射线骨骼分割对剔骨机器人的自主路径规划及后续作业有着十分重要的意义。根据我们调研发现。显著性检测任务在针对 X 射线图像的分割应用方面的研究目前只存在于医学领域，多用于对病灶的直接识别与分类，至今尚未涉及现代化的畜类肉品加工领域。为此我们借鉴了许多优秀的神经网络应用研究，受到这些方法的启发并结合在实际工作中遇到的问题，本节将从

数字图像视觉显著性检测、
修复与目标识别技术

显著性检测方法入手，开创性地研究如何针对猪肉 X 射线图像中的骨骼进行识别分割。并结合剔骨机器人实际的工作环境，使我们提出的模型可以在硬件性能受限的工控机上流畅地运行，运行效果见图 8-11。

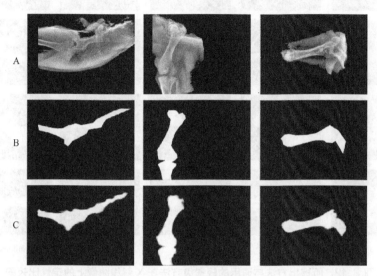

图 8-11 猪腿 X 射线图片进行骨骼分割效果图。其中 A 为 X 射线原图，
B 为人工标注的真值图， C 为本书所提出模型的分割效果图

我们所提出的模型是类似 U-Net 架构的编码器-解码器结构。输入与输出的图像分辨率均为 224×224。与其他显著性模型不同的是，我们不使用大体量的网络作为主干。在编码器部分，使用轻量级的特征提取网络。整个网络架构由三部分组成，分别为编码器、解码器、优化器。首先，在编码阶段构建基于多尺度注意力的轻量化特征提取网络，以保证在参数较少的情况下提取到更充分的显著物体特征。其次，在解码阶段引入跳跃连接的融合方式，以捕获全尺度下的细粒度语义和粗粒度语义。最后，我们在骨干网络末端添加了一个残差优化模块，以优化显著目标区域与边界。

为了验证本书所提出方法在猪腿 X 射线图像上的有效性。我们分别使用本书提出的模型、MobileNetV2[193] 和 MobileNetV3[194] 针对猪腿 X 射线图进行单独训练与测试。三个模型遵照同样的标准进行相同轮数的训练。如图 8-12 所示，我们选取了猪腿四个不同位置的图像来比较几种方法的定性效果。可以看到，在四张图像中，本书所提出的模型均有效地分割出了骨骼区域，而其他两种对比方法分割出的骨骼区域包含了许多有迷惑性的肉类组织。

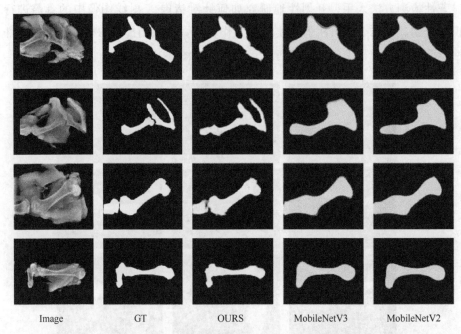

| Image | GT | OURS | MobileNetV3 | MobileNetV2 |

图 8-12　所提出方法与通用的轻量级方法在 X 射线图像上的定性比较图

第四节
总结与展望

一、总结

　　本书以论述提高智能无人系统环境感知和识别能力相关理论研究成果为主线，较为系统地展示了基于视觉注意机制的服务机器人深度感知方法研究、基于深度学习框架的水下遮挡图像识别方法研究、面向畜类肉品骨骼在线定位的轻量化显著性检测网络构建等典型应用案例。通过构建基于脉冲耦合神经网络的显著性区域提取算法、基于元胞自动机多尺度优化的改进显著性区域提取算法和基于两阶段引导的协同显著性检测算法等大量研究工作，提高了智能无人系统环境感知能力和显著区域提取能力。所取得的主要研究成果如下：

　　① 针对现有单幅图像显著性检测算法模型往往仅考虑图像内颜色、空间位置、边缘突变等视觉对比信息，未能完全模拟人眼认知过程的问题，利用 SF 算法和改进 PCNN 建立混合模型，提出了一种改进显著性区域提取算法。

该算法首先将 SF 算法获取的亮度特征图作为 PCNN 的输入神经元，经调制解调单元输出为内部神经元；随后将内部神经元与 SF 算法生成的二值化初始显著性图的点乘结果作为输入信号，以改进点火脉冲单元的输入方式，实现对点火范围的优化；最后经多次迭代，直接获取显著性区域的二值显著性图。通过标准数据库对比实验和真实环境检测实验，充分说明了所提算法生成的二值化显著性区域与真值更为接近，能够有效抑制 SF 算法检测结果中高亮度的背景区域，同时验证了以神经元传播刺激机制为核心的 PCNN 模型能够更加有效地模拟生物视觉系统。

② 围绕显著性目标自身因显著性分布不连续、局部区域差异过大造成的显著性区域内部检测结果不均匀以及局部显著性值丢失等问题，继续深入研究单幅图像显著性分布规律，提出了一种基于元胞自动机多尺度优化的显著性细微区域检测算法。首先将原图像分割为五个超像素尺度空间，并结合暗通道先验信息和区域对比度构建各尺度空间下的原始显著性图；进一步从模拟生命体自我复制的特征构想出发，利用元胞自动机建立动态更新机制，通过影响因子矩阵和置信度矩阵优化每个元胞下一状态的影响力，获得对应五个优化显著性图；最后基于贝叶斯概率融合算法，生成最终显著性图。实验结果表明，所提算法检测结果有了质的提升，并一致优于现有六种显著性检测算法，能够应对复杂图像的显著性检测任务。

③ 针对仅依靠单幅图像信息无法抽取显著性目标完整特征的客观限制问题，在单幅图像显著性算法研究的基础上，以充分挖掘单幅图像显著性传播机理为研究切入点，提出了一种基于图像间显著性传播和图像内流形排序的两阶段引导协同显著性检测方法。具体实现过程包括：对 N 张群组图像中的任意一幅图像，第一阶段借助单幅图像显著性探索其与组内其他图像两两间的共同相似性属性，获取 $N-1$ 张初始协同显著性图；在第二阶段中，为了有效抑制非相似区域的背景干扰，利用高效流形排序算法，计算 $N-1$ 张前景显著性图每个像素点的排序值，以更新之前的显著性检测结果，恢复出第一阶段中误检为背景的相似性区域，并在融合算法框架下生成最终协同显著性图。实验结果显示，所提算法能够在无需前期大规模训练数据的情况下，实现对群组图像间协同显著性目标的快速检测，定量评价指标较现有五种协同显著性算法更为优秀，且在应用于真实场景物体检测与分割时，同样取得较高的准确性和执行效率。

④ 针对当目标特征严重缺失时现有图像修复方法未能利用完整区域预测

缺失区域特征，造成修复结果特征不连续、细节纹理模糊等问题，提出了一种场内外特征融合的水下残缺图像修复方法。首先，利用改进的动态记忆网络（DMN+）算法将残缺图像的场内特征及相关的场外特征融合；其次，构建WGAN修复模型，获得粗修复图；最后，通过相关特征连贯模块进一步优化粗修复图，得到精细修复图。实验结果显示：本书模型修复的结果在纹理结构上更加合理，视觉效果和客观数据均优于其他模型，所提模型修复结果的PSNR值最高为35.98，相比其他模型提高了2.17%，SSIM值最高为0.987，相比其他模型提高了1.08%。

⑤ 针对当目标特征严重遮挡时，现有图像重构模型重构结果中存在目标特征不连续、细节纹理模糊等问题，提出了一种基于环境特征融合的水下遮挡图像精细重构方法。首先，基于正、负样本学习构建图像显著特征提取模块以获取图像的显著特征；其次，构建分层的环境特征注意机制检索模块，获取具有相关性的环境特征信息；最后，基于WGAN网络构建带有梯度惩罚约束条件的由粗到细的图像重构模型，生成精细重构图像。实验结果显示：本书模型重构结果在纹理结构上更加合理，视觉效果和客观数据均优于其他模型，本书模型重构结果的PSNR值最高为26.83，相比其他模型提高了2.27%。SSIM值最高为0.986，相比其他模型提高了6.36%。

⑥ 针对现有目标识别模型因水下目标特征不完备，对其精准识别构成巨大挑战的问题，提出一种基于显著环境特征融合的水下遮挡目标识别方法。首先，分别构建目标显著特征提取模块和环境特征注意模块，获取目标的显著特征和相关的显著环境特征；其次，利用GNN构建目标显著特征和相关环境特征的对比图结构；最后，利用对比图结构中目标和背景的交互作用，构建水下遮挡目标识别模型，实现对遮挡目标的精准识别。与现有目标识别模型在不同的数据集上进行仿真对比，通过大量的仿真实验证明本书所提识别模型具有可行性。所提模型平均识别精度为80.07%，相比其他模型，平均识别精度提高了2.38%。

⑦ 针对现有目标识别模型因水下目标特征不完备，对其精准识别构成巨大挑战的问题，提出一种基于两阶段图像重构策略的水下遮挡目标识别方法。首先，利用所提水下残缺图像修复模型和环境特征融合的水下精细重构模型对AUV视觉传感器获取的原始水下图像进行预处理，提高待识别目标的图像质量；其次，构建具有特征自适应边界回归的目标识别模型；最后，利用所构建的两阶段图像处理策略，实现对水下遮挡目标识别。与现有目标识别模型在不

同数据集上进行仿真对比，通过大量的仿真实验证明本书所提识别模型具有可行性。本书所提目标识别模型针对重构目标识别最高 mAP 为 78.36%，相比其他算法提高了 1.49%，与原始图像相比识别率提高了 14.16%。

⑧ 以基于视觉注意机制的显著性检测方法研究、基于深度学习框架的水下遮挡图像重构和目标识别方法研究为基础，基于实验室软硬件平台，对本书所提各算法模块开展系统性验证实验，并在服务机器人目标抓取、水下场景感知、肉品智能加工等典型应用场景中进行验证与优化，进一步展示了图像处理技术在各领域良好的应用价值和广泛的应用前景。

二、展望

本书围绕提高智能无人系统的环境感知和识别能力的研究主题，进行了大量研究工作和应用性探索，但面对视觉感知技术自身挑战和智能无人系统环境感知任务多样性要求，未来还需继续深入探索和完善以下几个研究问题：

① 从直接对显著性检测结果映射深度信息、实现空间显著性区域检测的另一个角度思考，在显著性检测算法模型中，全面考虑深度信息约束，建立前景显著性目标区域与背景区域的分割阈值，进一步提高二维显著性区域检测的准确性。

② 以现有显著性算法检测结果为基础构建协同显著性检测算法模型时，对多种优秀显著性检测算法的结果进行先期融合，为图像间显著性传播引导策略提供更加可靠的初始显著性检测结果，以提高最终协同显著性检测的效果。

③ 本书所提的遮挡图像修复和目标识别技术，主要用于提高遮挡目标的识别精度。然而，在保证识别精度的前提下，遮挡目标识别的过程中需要运算大量数据，这将对识别遮挡目标的实时性造成一定影响。未来研究工作在保证模型识别精度的前提下，应对目标识别模型做轻量化处理，以提高算法的实时性，加速所提技术产业化落地进程。

④ 随着经济发展和制造工艺的日趋成熟，智能机器人越来越多地被应用于各个行业，这对社会经济发展和科技进步具有积极意义，智能化必将成为未来经济发展的新动力。本书所提各模型在军事、民生、濒危动物保护等重要领域有着广泛的应用空间，可普遍用于无人驾驶、检测救援、深海探测、危险及不友好目标识别等具体应用场景。

参考文献

[1] Weiwei X. Application of Intelligent Recognition Technology in Image Processing [J]. Advances in Higher Education, 2021, 5 (2): 1-3.

[2] Demirel H, Anbarjafari G. Discrete wavelet transform-based satellite image resolution enhancement [J]. IEEE transactions on geoscience and remote sensing, 2011, 49 (6): 1997-2004.

[3] Razzak M I, Naz S, Zaib A. Deep learning for medical image processing: Overview, challenges and the future [J]. Classification in BioApps, 2018: 323-350.

[4] 逄淑超. 深度学习在计算机视觉领域的若干关键技术研究 [D]. 长春: 吉林大学, 2017.

[5] Briottet X, Boucher Y, Dimmeler A, et al. Military applications of hyperspectral imagery [C]//Targets and backgrounds XII: Characterization and representation. International Society for Optics and Photonics, 2006, 6239: 82-89.

[6] Bruce V, Young A. Understanding face recognition [J]. British journal of psychology, 1986, 77 (3): 305-327.

[7] Fouhey D F, Collet A, Hebert M, et al. Object recognition robust to imperfect depth data [C]// Proceedings of European Conference on Computer Vision, 2012: 83-92.

[8] Dogar M R, Srinivasa S S. A planning framework for non-prehensile manipulation under clutter and uncertainty [J]. Autonomous Robots, 2012, 33 (3): 217-236.

[9] Nieuwenhuisen M, Droeschel D, Holz D, et al. Mobile bin picking with an anthropomorphic service robo [C]//Proceedings of 2013 IEEE International Conference on Robotics and Automation, 2013: 2327-2334.

[10] Stückler J, Steffens R, Holz D, et al. Efficient 3D object perception and grasp planning for mobile manipulation in domestic environments [J]. Robotics and Autonomous Systems, 2013, 61 (10): 1106-1115.

[11] Pineda L A, Salinas L, Meza I V, et al. Sitlog: a programming language for service robot tasks [J]. International Journal of Advanced Robotic Systems, 2013, 10 (10): 358.

[12] Schwarz M, Stü ckler J, Behnke S. Mobile teleoperation interfaces with adjustable autonomy for personal service robots [C]//Proceedings of the 2014 ACM/IEEE international conference on Human-robot interaction, 2014: 288-289.

[13] Yue H, Chen W, Wu X, et al. Fast 3D modeling in complex environments using a single Kinect sensor [J]. Optics & Lasers in Engineering, 2014, 53 (2): 104-111.

[14] 王书平. 室内复杂环境下移动机器人障碍物检测与避障研究 [D]. 金华: 浙江师范大

数字图像视觉显著性检测、
修复与目标识别技术

学，2016.

[15] Madokoro H, Shirai K, Sato K, et al. Basic design of visual saliency based autopilot system ysed for omnidirectional mobile electric wheelchair [J]. Computer Science and Information Technology, 2015, 3 (5): 171-186.

[16] Yang Y, Cao Q. A fast feature points-based object tracking method for robot grasp [J]. International Journal of Advanced Robotic Systems, 2013, 10 (3): 170.

[17] Varley J, Weisz J, Weiss J, et al. Generating multi-fingered robotic grasps via deep learning [C]// Proceedings of IEEE/RSJ International Conference on Intelligent Robots and Systems, 2015: 4415-4420.

[18] Lenz I, Lee H, Saxena A. Deep learning for detecting robotic grasps [J]. The International Journal of Robotics Research, 2015, 34 (4-5): 705-724.

[19] Liu H, Guo D, Sun F. Object recognition using tactile measurements: Kernel sparse coding methods [J]. IEEE Transactions on Instrumentation and Measurement, 2016, 65 (3): 656-665.

[20] Koch C, Ullman S. Shifts in selective visual attention: towards the underlying neural circuitry [J]. Human Neurobiology, 1985, 4 (4): 219-227.

[21] Koch K, Mclean J, Segev R, et al. How much the eye tells the brain [J]. Current Biology, 2006, 16 (14): 1428-1434.

[22] Treisman A M, Gelade G. A feature-integration theory of attention [J]. Cognitive Psychology, 1980, 12 (1): 97-136.

[23] Qin Y, Lu H, Xu Y, et al. Saliency detection via Cellular Automata [C]//Proceedings of IEEE Conference on Computer Vision and Pattern Recognition, 2015: 110-119.

[24] Itti L, Koch C, Niebur E. A model of saliency-based visual attention for rapid scene analysis [J]. IEEE Transactions on Pattern Analysis & Machine Intelligence, 1998, 20 (11): 1254-1259.

[25] 沈凌云. 基于视觉注意机制的图像分割方法研究 [D]. 北京: 中国科学院大学, 2014.

[26] 范敏，陈曦，王楷，等. 基于对比度与最小凸包的显著性区域检测算法 [J]. 仪器仪表学报, 2014, 35 (10): 2328-2334.

[27] Ma Y F, Zhang H J. Contrast-based image attention analysis by using fuzzy growing [C]// Proceedings of ACM International Conference on Multimedia, 2003: 374-381.

[28] Harel J, Koch C, Perona P. Graph-based visual saliency [C]//Proceedings of The Conference and Workshop on Neural Information Processing Systems, 2006: 545-552.

[29] Hou X, Zhang L. Saliency detection: A spectral residual approach [C]//Proceedings of IEEE Conference on Computer Vision and Pattern Recognition, 2007: 1-8.

[30] Guo C, Ma Q, Zhang L. Spatio-temporal saliency detection using phase spectrum of quaternion fourier transform [C]//Proceedings of IEEE Conference on Computer Vision and Pat-

tern Recognition, 2008: 1-8.

[31] Achanta R, Hemami S, Estrada F, et al. Frequency-tuned salient region detection [C]// Proceedings of IEEE Conference on Computer Vision and Pattern Recognition, 2009: 1597-1604.

[32] Goferman S, Zelnik-Manor L, Tal A. Context-aware saliency detection [C]//Proceedings of IEEE Conference on Computer Vision and Pattern Recognition, 2010: 2376-2383.

[33] Perazzi F, Krähenbühl P, Pritch Y, et al. Saliency filters: Contrast based filtering for salient region detection [C]//Proceedings of IEEE Conference on Computer Vision and Pattern Recognition, 2012: 733-740.

[34] Wei Y, Wen F, Zhu W, et al. Geodesic saliency using background priors [C]//Proceedings of European Conference on Computer Vision, 2012: 29-42.

[35] Yang C, Zhang L, Lu H, et al. Saliency detection via graph-based manifold ranking [C]// Proceedings of IEEE Conference on Computer Vision and Pattern Recognition, 2013: 3166-3173.

[36] Li X, Lu H, Zhang L, et al. Saliency detection via dense and sparse reconstruction [C]// Proceedings of IEEE International Conference on Computer Vision, 2013: 2976-2983.

[37] Zhou D Y, Weston J, Gretton A, et al. Ranking on data manifolds [J]. Advances in Neural Information Processing Systems, 2004, 16: 169-176.

[38] Zhu W, Liang S, Wei Y, et al. Saliency optimization from robust background detection [C]//Proceedings of IEEE Conference on Computer Vision and Pattern Recognition, 2014: 2814-2821.

[39] Cheng M M, Mitra N J, Huang X, et al. Global contrast based salient region detection [J]. IEEE Transactions on Pattern Analysis and Machine Intelligence, 2015, 37 (3): 569-582.

[40] Rother C, Kolmogorov V, Blake A. Grabcut: Interactive foreground extraction using iterated graph cuts [J]. ACM Transactions on Graphics, 2004, 23 (3): 309-314.

[41] Zhang L, Tong M H, Marks T K, et al. SUN: A Bayesian framework for saliency using natural statistics [J]. Journal of Vision, 2008, 8 (7): 32-59.

[42] Elazary L, Itti L. A Bayesian model for efficient visual search and recognition [J]. Vision Research, 2010, 50 (14): 1338-1352.

[43] Wang M, Konrad J, Ishwar P, et al. Image saliency: From intrinsic to extrinsic context [C]// Proceedings of IEEE Conference on Computer Vision and Pattern Recognition, 2011: 417-424.

[44] Jiang H, Wang J, Yuan Z, et al. Salient object detection: A discriminative regional feature integration approach [C]//Proceedings of IEEE Conference on Computer Vision and Pattern Recognition, 2013: 2083-2090.

[45] Tong N, Lu H, Ruan X, et al. Salient object detection via bootstrap learning [C]//Proceedings of IEEE Conference on Computer Vision and Pattern Recognition, 2015: 1884-1892.

数字图像视觉显著性检测、
修复与目标识别技术

[46] Kuipers B, Beeson P. Bootstrap learning for place recognition [C]//Proceedings of AAAI Conference on Artificial Intelligence, 2002: 174-180.

[47] Yang J, Yang M H. Top-down visual saliency via joint crf and dictionary learning [J]. IEEE Transactions on Pattern Analysis and Machine Intelligence, 2016, 39 (3): 576-588.

[48] 寿天德. 视觉信息处理的脑机制 [M]. 2 版. 合肥: 中国科学技术出版社, 2010: 57-70.

[49] Navalpakkam V, Koch C, Rangel A, et al. Optimal reward harvesting in complex perceptual environments [J]. Proceedings of the National Academy of Sciences, 2010, 107 (11): 5232-5237.

[50] Liu H, Jiang B, Xiao Y, et al. Coherent semantic attention for image inpainting [C]//IEEE/CVF International Conference on Computer Vision, Seattle, WA, 2020: 4169-4178.

[51] Neumann J V. The general and logical theory of automata [J]. Cerebral Mechanisms in Behavior, 1951, 1 (41): 1-21.

[52] Shen C, Zhao Q. Webpage saliency [C]//Proceedings of European Conference on Computer Vision, 2014: 33-46.

[53] Li N, Ye J, Ji Y, et al. Saliency detection on light field [C]//Proceedings of IEEE Conference on Computer Vision and Pattern Recognition, 2014: 2806-2813.

[54] He S, Lau R W H. Saliency detection with flash and no-flash image pairs [C]//Proceedings of European Conference on Computer Vision, 2014: 110-124.

[55] Feng D, Barnes N, You S, et al. Local background enclosure for RGB-D salient object detection [C]//Proceedings of IEEE Conference on Computer Vision and Pattern Recognition, 2016: 2343-2350.

[56] Chang K Y, Liu T L, Lai S H. From co-saliency to co-segmentation: An efficient and fully unsupervised energy minimization model [C]//Proceedings of IEEE Conference on Computer Vision and Pattern Recognition, 2011: 2129-2136.

[57] Jacobs D E, Goldman D B, Shechtman E. Cosaliency: Where people look when comparing images [C]//Proceedings of 23nd Annual ACM Symposium on User Interface Software and Technology, 2010: 219-228.

[58] Ye L, Liu Z, Li J, et al. Co-saliency detection via co-salient object discovery and recovery [J]. IEEE Signal Processing Letters, 2015, 22 (11): 2073-2077.

[59] Zhang D, Meng D, Li C, et al. A self-paced multiple-instance learning framework for co-saliency detection [C]//Proceedings of IEEE International Conference on Computer Vision, 2015: 594-602.

[60] Ge C, Fu K, Liu F, et al. Co-saliency detection via inter and intra saliency propagation [J]. Signal Processing Image Communication, 2016, 44: 69-83.

[61]   Zhang D, Han J, Li C, et al. Detection of co-salient objects by looking deep and wide [J]. International Journal of Computer Vision, 2016, 120 (2): 1-18.

[62]   Zhang D, Fu H, Han J, et al. A review of co-saliency detection technique: fundamentals, Applications, and Challenges [J]. arXiv preprint arXiv: 1604. 07090, 2016.

[63]   Chen H T. Preattentive co-saliency detection [C]//Proceedings of International Conference on Image Processing, 2010: 1117-1120.

[64]   Li H. A co-saliency model of image pairs. [J]. IEEE Transactions on Image Processing, 2011, 20 (12): 3365-3375.

[65]   Fu H Z, Cao X C, Tu Z W. Cluster-based co-saliency detection [J]. IEEE Transactions on Image Processing, 2013, 22 (10): 3766-3778.

[66]   Liu Z, Zou W, Li L, et al. Co-saliency detection based on hierarchical segmentation [J]. IEEE Signal Processing Letters, 2014, 21 (1): 88-92.

[67]   Li L, Liu Z, Zou W, et al. Co-saliency detection based on region-level fusion and pixel-level refinement [C]//Proceedings of IEEE International Conference on Multimedia and Expo, 2014: 1-6.

[68]   周培云, 李静, 沈宁敏, 等. BSFCoS: 基于分块与稀疏主特征提取的快速协同显著性检测 [J]. 计算机科学, 2015, 42 (8): 305-309, 313.

[69]   Cao X, Tao Z, Zhang B, et al. Saliency map fusion based on rank-one constraint [C]//Proceedings of IEEE International Conference on Multimedia and Expo, 2013: 1-6.

[70]   Cao X, Tao Z, Zhang B, et al. Self-adaptively weighted co-saliency detection via rank constraint [J]. IEEE Transactions on Image Processing, 2014, 23 (9): 4175-4186.

[71]   Li Y, Fu K, Liu Z, et al. Efficient saliency-model-guided visual co-saliency detection [J]. IEEE Signal Processing Letters, 2015, 22 (5): 588-592.

[72]   Liu N, Han J, Zhang D, et al. Predicting eye fixations using convolutional neural networks [C]//Proceedings of the IEEE conference on computer vision and pattern recognition, 2015: 362-370.

[73]   李志丹, 苟慧玲, 程吉祥, 等. 结合梯度特征与色彩一致性的图像修复 [J]. 光学精密工程, 2019, 27 (01): 251-259.

[74]   Voronin V V, Sizyakin R A, Marchuk V I, et al. Video inpainting of complex scenes based on local statistical model [J]. Electronic Imaging, 2016, 111 (2): 681-690.

[75]   Zhaoyi Y, Xiaoming L, Mu L, et al. Shift-Net: image inpainting via deep feature rearrangement [C]//Proceedings of the European Conference on Computer Vision, Munich, Germany, 2018: 3-19.

[76]   Xiong W, Jiahui Y, Lin Z, et al. Foreground-aware image inpainting [C]//Conference on Computer Vision and Pattern Recognition, Long Beach, CA, 2019: 5833-5841.

[77]   Nazeri K, Ng E, Joseph T, et al. EdgeConnect: generative image inpainting with adversarial

170

edge learning [C]//Conference on Computer Vision and Pattern Recognition, Long Beach, CA, 2019: 5833-5841.

[78] 王家喻. 基于生成对抗网络的图像生成研究 [D]. 合肥: 中国科学技术大学, 2021.

[79] 李月龙, 高云, 闫家良, 等. 基于深度神经网络的图像缺损修复方法综述 [J]. 计算机学报, 2021, 44 (11): 2295-2316.

[80] Marcelo B, Luminita V, Guillermo S, et al. Simultaneous structure and texture image inpainting [J]. IEEE Transactions on Image Processing, 2003, 13 (9): 882-889.

[81] Criminisi A, Perez P, Toyama K. et al. Region filling and object removal by exemplar-based image inpainting [J]. IEEE Transactions on Image Processing, 2004, 13 (9): 1200-1212.

[82] Le M O, Gautier J, Guillemot C. Examplar-based inpainting based on local geometry [C]// IEEE International Conference on Image Processing, Brussels, Belgium, 2011: 3401-3404.

[83] 金炜, 王文龙, 符冉迪, 等. 联合块匹配与稀疏表示的卫星云图修复 [J]. 光学精密工程, 2014, 22 (07): 1886-1895.

[84] Chan T F, Shen J. Nontexture inpainting by curvature-driven diffusions [J]. Journal of Visual Communication and Image Representation, 2001, 12 (4): 436-449.

[85] Chan T F, Shen J, Vese L. Variational PDE models in image processing [J]. Notices of the American Mathematical Society, 2002, 50 (1): 14-26.

[86] 朱为, 李国辉. 基于自动结构延伸的图像修补方法 [J]. 自动化学报, 2009, 35 (8): 1041-1047.

[87] Barnes C E, Shechtman A, Goldman D B, et al. Patchmatch: a randomized correspondence algorithm forstructural image editing [J]. Transactions on Graphics, 2009, 28 (3): 1-11.

[88] Satoshi I, Simo-Serra E, Ishikawa H. Globally and locally consistent image completion [J]. Transactions on Graphics, 2017, 36 (4): 1-14.

[89] Dekel T, Gan C, Krishnan D, et al. Sparse, smart contours to represent and edit images [C]// IEEE Conference on Computer Vision and Pattern Recognition, Salt Lake City, UT, CVPR, 2018: 3511-3520.

[90] Goodfellow J, Pouget-Abadie J, Mirza M, et al. Generative adversarial nets [C]//In Advances in Neural Information Processing Systems, Montreal, Canada, AIPS 2014: 2672-2680.

[91] Chao Y, Xin L, Zhe L, et al. High-resolution image inpainting using multi-scale neural patch synthesis [C]//IEEE Conference on Computer Vision and Pattern Recognition, Honolulu, Hawaii, 2017: 4076-4084.

[92] Zheng C, Cham T J, Cai J. Pluralistic image completion [C]//IEEE/CVF Conference on Computer Vision and Pattern Recognition, Seattle, WA, 2020: 1438-1447.

[93] Pathak D, Krahenbuhl P, Donahue J, et al. Context Encoders: feature learning by inpaint-

ing [C]//IEEE Conference on Computer Vision and Pattern Recognition, Las Vegas, America, 2016: 2536-2544.

[94] Yang C, Lu X, Lin Z, et al. High-resolution image inpainting using multi-scale neural patch synthesis [C]//Proceedings of the IEEE conference on computer vision and pattern recognition, 2017: 6721-6729.

[95] Yu J, Lin Z, Yang J, et al. Generative image inpainting with contextual attention [C] //Proceedings of the IEEE conference on computer vision and pattern recognition, 2018: 5505-5514.

[96] Xu C D, Zhao X R, Jin X, et al. Exploring Categorical Regularization for Domain Adaptive Object Detection [C]//Proceedings of the IEEE Computer Society Conference on Computer Vision and Pattern Recognition, 2020: 11721-11730.

[97] 刘可佳, 马荣生, 唐子木, 等. 采用优化卷积神经网络的红外目标识别系统 [J]. 光学精密工程, 2021, 29 (04): 822-831.

[98] 邱晓华, 李敏, 邓光芒, 等. 多层卷积特征融合的双波段决策级船舶识别 [J]. 光学精密工程, 2021, 29 (01): 183-190.

[99] 曹娜, 王永利, 孙建红, 等. 基于字典学习和拓展联合动态稀疏表示的 SAR 目标识别 [J]. 自动化学报, 2020, 46 (12): 2638-2646.

[100] Guo J, K Han, Wang Y, et al. Hit-Detector: hierarchical trinity architecture search for object detection [J]. Computer vision in vehicle technology, 2020: 11405-11414.

[101] Joseph R, Santosh D, Ross G, et al. You only look once: Unified, real-time object detection [C]//In CVPR, 2016: 779-788.

[102] Wei L, Dragomir A, Dumitru E, et al. Ssd: Single shot multibox detector [C]//In ECCV, 2016: 21-37.

[103] Joseph R, Ali F. Yolo9000: better, faster, stronger [C]//In CVPR, 2017: 6517-6525.

[104] Redmon J, Farhadi A. YOLOv3: an incremental improvement [C]//IEEE Conference on Computer Vision and Pattern Recognition, 2018: 13674-13682.

[105] Ross G, Jeff D, Trevor D, et al. Rich feature hierarchies for accurate object detection and semantic segmentation [C]//Computer Vision and Pattern Recognition, 2014: 580-587.

[106] Kaiming H, Georgia G, Piotr D, et al. Mask r-cnn [J]. IEEE Transactions on Pattern Analysis and Machine Intelligence, 2020, 42 (2): 386-397.

[107] Ross G. Fast r-cnn [C]//International Conference On Computer Vision. 2015: 1440-1448.

[108] Shaoqing R, Kaiming H, Ross G, et al. Faster r-cnn: towards real-time object detection with region proposal networks [J]. IEEE Transactions on Pattern Analysis and Machine Intelligence, 2015, 39 (6): 1137-1149.

[109] Yu X, Xing X, Zheng H, et al. Man-made object recognition from underwater optical images using deep learning and transfer learning [C]//In: 2018 IEEE international conference

on acoustics, speech and signal processing (ICASSP), Calgary, Canada, 2018: 1852-1856.

[110] Wang X, Ouyang J, Dayu L I, et al. Underwater object recognition based on deep encoding-decoding network [J]. Journal of Ocean University of China, 2019, 18 (02): 120-126.

[111] Zhao Z X, Liu Y, Sun X D, et al. Composited FishNet: fish detection and species recognition from low-quality underwater videos [J]. IEEE Transactions On Image Processing, 2021, 30: 4719-4734.

[112] Pan T S, Huang H C, Lee J C, et al. Multi-scale ResNet for real-time underwater object detection [J]. Signal Image and Video Processing, 2020, 15 (5): 941-949.

[113] Mathias A, Dhanalakshmi S, Kumar R, et al. Underwater object detection based on bi-dimensional empirical mode decomposition and Gaussian Mixture Model approach [J]. Ecological Informatics, 2021, 66: 101469.

[114] Arnfred J T, Winkler S. A general framework for image feature matching without geometric constraints [J]. Pattern Recognition Letters, 2016, 73: 26-32.

[115] Yang X, Gao X, Tao D, et al. An efficient MRF embedded level set method for image segmentation [J]. IEEE Transactions on Image Processing, 2015, 24 (1): 9-21.

[116] Qin B, Gu Z, Sun X, et al. VSI: A visual saliency-induced index for perceptual image quality assessment [J]. IEEE Transactions on Image Processing, 2014, 23 (10): 4270-4281.

[117] Liang Z, Yang G, Ding X, et al. An efficient forgery detection algorithm for object removal by exemplar-based image inpainting [J]. Journal of Visual Communication and Image Representation, 2015, 30: 75-85.

[118] 王丽佳, 贾松敏, 李秀智, 等. 基于改进在线多示例学习算法的机器人目标跟踪 [J]. 自动化学报, 2014, 40 (12): 2916-2925.

[119] Achanta R, Estrada F, Wils P, et al. Salient region detection and segmentation [C]//Proceedings of International conference on computer vision systems, 2008: 66-75.

[120] Hodgkin A L, Huxley A F. A quantitative description of membrane current and its application to conduction and excitation in nerve [J]. The Journal of physiology, 1952, 117 (4): 500-544.

[121] Eckhorn R, Reitnoeck H J, Arndt M, et al. Feature linking via synchronization among distributed assemblies: Simulations of results from cat visual cortex [J]. Neural Computation, 1990, 2 (3): 293-307.

[122] Thomas L, Jason M K. Image processing using Pulse-Coupled Neural Networks [M]. New York: Springer-Verlag, 2013: 10-19.

[123] 郑欣, 彭真明. 基于活跃度的脉冲耦合神经网络图像分割 [J]. 光学精密工程, 2013, 21 (3): 821-827.

[124] Liu S, He D, Liang X. An improved hybrid model for automatic salient region fetection [J]. IEEE Signal Processing Letters, 2012, 19 (4): 207-210.

[125] Jiang W, Zhou H, Shen Y, et al. Image segmentation with pulse-coupled neural network and Canny operators [J]. Computers & Electrical Engineering, 2015, 46: 528-538.

[126] Alpert S, Galun M, Basri R, et al. Image segmentation by probabilistic bottom-up aggregation and cue integration [C]//Proceedings of IEEE Conference on Computer Vision and Pattern Recognition, 2007: 1-8.

[127] Yan Q, Xu L, Shi J, et al. Hierarchical saliency detection [C]//Proceedings of IEEE Conference on Computer Vision and Pattern Recognition, 2013: 1155-1162.

[128] Liu T, Yuan Z, Sun J, et al. Learning to detect a salient object [J]. IEEE Transactions on Pattern Analysis and Machine Intelligence, 2011, 33 (2): 353-367.

[129] Gong C, Tao D, Liu W, et al. Saliency propagation from simple to difficult [C]//Proceedings of IEEE Conference on Computer Vision and Pattern Recognition, 2015: 2531-2539.

[130] 任建强. RGB-D 显著目标检测 [D]. 杭州: 浙江大学, 2016: 39-57.

[131] Zhang L H, Yang C, Lu H C, et al. Ranking saliency [J]. IEEE Transaction on Pattern Analysis and Machine Intelligence, 2016, DOI: 10. 1109/TPAMI. 2016. 2609426.

[132] Gardner M. Mathematical games: The fantastic combinations of John Conway's new solitaire game "life" [J]. Scientific American, 1970, 223 (4): 120-123.

[133] Achanta R, Shaji A, Smith K, et al. SLIC superpixels compared to state-of-the-art superpixel methods [J]. IEEE Transactions on Pattern Analysis and Machine Intelligence, 2012, 34 (11): 2274-2282.

[134] Borji A, Cheng M M, Jiang H, et al. Salient object detection: A benchmark [J]. IEEE Transactions on Image Processing, 2015, 24 (12): 5706-5722.

[135] He K, Sun J, Tang X. Single image haze removal using dark channel prior [J]. IEEE transactions on pattern analysis and machine intelligence, 2010, 33 (12): 2341-2353.

[136] Margolin R, Zelnik-Manor L, Tal A. How to evaluate foreground maps? [C]//Proceedings of IEEE Conference on Computer Vision and Pattern Recognition, 2014: 248-255.

[137] Fu H Z, Xu D, Zhang B, et al. Object-based multiple foreground video co-segmentation via multi-state selection graph [J]. IEEE Transactions on Image Processing, 2015, 24 (11): 3415-3424.

[138] Cho M, Kwak S, Schmid C, et al. Unsupervised object discovery and localization in the wild: Part-based matching with bottom-up region proposals [C]//Proceedings of IEEE Conference on Computer Vision and Pattern Recognition, 2015: 1201-1210.

[139] Siva P, Russell C, Xiang T, et al. Looking beyond the image: Unsupervised learning for object saliency and detection [C]//Proceedings of IEEE Conference on Computer Vision and Pattern Recognition, 2013: 3238-3245.

[140] 吕建勇, 唐振民. 一种基于图的流形排序的显著性目标检测改进方法 [J]. 电子与信息学报, 2015, 37 (11): 2555-2563.

[141] Xu B, Bu J J, Chen CH, et al. EMR: A scalable graph-based ranking model for content-based image retrieval [J]. IEEE Transactions on Knowledge and Data Engineering, 2015, 27 (1): 102-114.

[142] Kaufman L, Rousseeuw P J. Finding groups in data: An introduction to cluster analysis [M]. New York: John Wiley & Sons, 1990: 39-52.

[143] Frey B J, Dueck D. Clustering by passing messages between data points [J]. Science, 2007, 315 (5814): 972-976.

[144] Batra D, Kowdle A, Parikh D, et al. iCoseg: Interactive co-segmentation with intelligent scribble guidance [C]//Proceedings of IEEE Conference on Computer Vision and Pattern Recognition, 2010: 3169-3176.

[145] Winn J, Criminisi A, Minka T. Object categorization by learned universal visual dictionary [C]// Proceedings of IEEE International Conference on Computer Vision, 2005: 1800-1807.

[146] Otsu N. A threshold selection method from gray-level histograms [J]. Automatica, 1975, 11 (285-296): 23-27.

[147] Wu Q, Shen C, Wang P, et al. Image captioning and visual question answering based on attributes and external knowledge [J]. IEEE transactions on pattern analysis and machine intelligence, 2017, 40 (6): 1367-1381.

[148] Kumar A, Irsoy O, Ondruska P, et al. Ask me anything: dynamic memory networks for natural language processing [C]//International Conference on Machine Learning, New York, 2015: 2068-2078.

[149] Xiong C, Merity S, Socher R. Dynamic memory networks for visual and textual question answering [C]//International conference on machine learning. PMLR, 2016: 2397-2406.

[150] Sainbayar S, Szlam A, Jason W, et al. End-To-End memory networks [C]//International Conference on Neural Information Processing Systems, 2017: 2440-2448.

[151] Li C, Guo C, Ren W, et al. An underwater image enhancement benchmark dataset and beyond [J]. IEEE Transactions on Image Processing, 2019, 29: 4376-4389.

[152] Liu R S, Fan X, Zhu M, et al. Real-World underwater enhancement: challenges, benchmarks, and solutions under natural light [J]. IEEE Transactions on Circuits and Systems for Video Technology, 2020, 30 (12): 4861-4875.

[153] Tuanji W, Jianhua L, Yi L, et al. Image quality evaluation based on image weighted sepa-

rating block peak signal to noise ratio [C]//International Conference on Neural Networks, Nanjing, China, 2003: 994-997.

[154] Tuncel E, Ferhatosmanoglu H, Rose K. VQ-Index: an index structure for similarity searching in multimedia databases [C]//Electrical and Computer Engineering University of California, Juan-les-Pins, France, 2002: 543-552.

[155] Dai Bo, Dahua Lin. Contrastive learning for image captioning [C]//Computer Vision and Pattern Recognition, 2017: 898-907.

[156] Sanjeev A, Hrishikesh K, Mikhail K, et al. A theoretical analysis of contrastive unsupervised representation learning [C]//International Conference on Machine Learning, 2019: 9904-9923.

[157] He K, Fan H, Wu Y, et al. Momentum contrast for unsupervised visual representation learning [C]//Computer Vision and Pattern Recognition, 2020: 9726-9735.

[158] Wu H, Y Qu, Lin S, et al. Contrastive learning for compact single image dehazing [C]// IEEE Conference on Computer Vision and Pattern Recognition, Electr Network, 2021: 10546-10555.

[159] Zhang H, Koh J Y, Baldridge J, et al. Cross-Modal contrastive learning for text-to-image generation [J]. Computer Vision And Pattern Recognition, 2021: 833-842.

[160] Mnih V, Heess N, Graves A, et al. Recurrent models of visual attention [J]. Advances in Neural Information Processing Systems, 2014: 2204-2212.

[161] Xu K, Ba J, Kiros R, et al. Show, Attend and Tell: Neural Image Caption Generation with Visual Attention [J]. Computer Science, 2015: 2048-2057.

[162] 韩松. 基于迁移学习的抓取检测方法研究 [D]. 沈阳: 沈阳工业大学, 2021.

[163] Borgwardt K M, Gretton A, Rasch M J. Integrating structured biological data by Kernel Maximum Mean Discrepancy [J]. Bioinformatics, 2006, 22 (14): 49-57.

[164] Shi X, Liu Q, Fan W, et al. Transfer learning on heterogenous feature spaces via spectral transformation [J]. 2010 IEEE International Conference on Data Mining, Sydney, NSW, Australia, 2010: 1049-1054.

[165] Li T, Sun L J, Han C, et al. Person re-identification using salient region matching game [J]. Multimedia Tools and Applications, 2018, 77 (16): 21393-21415.

[166] Chen Z M, Jin X, Zhao B R, et al. HCE: hierarchical context embedding for region-based object detection [J]. IEEE Transactions On Image Processing, 2020, 30: 6917-6929.

[167] Chen Z, Zhang J, Tao D. Recursive context routing for object detection [J]. International Journal of Computer Vision, 2020, 129: 142-160.

[168] Kato K, Li Y, Gupta A. Compositional learning for human object interaction [C]//European Conference on Computer Vision, 2018: 234-251.

数字图像视觉显著性检测、
修复与目标识别技术

[169] Wang C Y, Bochkovskiy A, Liao H Y M. Scaled-YOLOv4: Scaling Cross Stage Partial Network [C]//IEEE Conference on Computer Vision and Pattern Recognition, 2020: 13024-13033.

[170] Wang J, Chen K, Yang S, et al. Region proposal by guided anchoring [C]//Conference on Computer Vision and Pattern Recognition, 2019: 2960-2969.

[171] Hartenberg R S, Denavit J. A kinematic notation for lower pair mechanisms based on matrices [J]. Journal of Applied Mechanics, 1955, 77 (2): 215-221.

[172] 贺超, 刘华平, 孙富春, 等. 采用 Kinect 的移动机器人目标跟踪与避障 [J]. 智能系统学报, 2013 (5): 426-432.

[173] 韩铮, 刘华军, 黄文炳, 等. 基于 Kinect 的机械臂目标抓取 [J]. 智能系统学报, 2013, 8 (2): 149-155.

[174] 杨扬, 曹其新, 朱笑笑, 等. 面向机器人手眼协调抓取的 3 维建模方法 [J]. 机器人, 2013, 35 (3): 151-155.

[175] Pagliari D, Pinto L. Calibration of kinect for xbox one and comparison between the two generations of Microsoft sensors [J]. Sensors, 2015, 15 (11): 27569-27589.

[176] 薛乃耀. 作业性水下机器人运动控制系统研究 [D]. 广州: 华南理工大学, 2020.

[177] Shen X, Wu Y. A unified approach to salient object detection via low rank matrix recovery [C]//2012 IEEE Conference on Computer Vision and Pattern Recognition. IEEE, 2012: 853-860.

[178] 吴超. 面向海洋生物识别的水下机器人设计 [D]. 海口: 海南大学, 2021.

[179] Kumar N S, Mukundappa B L. Design & development of autonomous system to build 3d model for underwater objects using stereo vision technique [J]. International Journal of Advances in Engineering & Technongy, 2011, 1 (4): 1-4.

[180] 李健. 水下球形机器人视觉系统研究 [D]. 北京: 北京邮电大学, 2019.

[181] 周亚斌. 面向水下机器人的图像增强与识别技术研究 [D]. 哈尔滨: 哈尔滨工程大学, 2020.

[182] Jerripothula K R, Cai J, Yuan J. Image co-segmentation via saliency co-fusion [J]. IEEE Transactions on Multimedia, 2016, 18 (9): 1896-1909.

[183] Gao Y, Shi M, Tao D, et al. Database saliency for fast image retrieval [J]. IEEE Transactions on Multimedia, 2015, 17 (3): 359-369.

[184] Rutishauser U, Walther D, Koch C, et al. Is bottom-up attention useful for object recognition [C]. Proceedings of the 2004 IEEE Computer Society Conference on Computer Vision and Pattern Recognition, 2004, 2.

[185] Cheng X, Li N, Zhang S, et al. Robust visual tracking with SIFT features and fragments based on particle swarm optimization [J]. Circuits, Systems, and Signal Processing,

2014, 33: 1507-1526.

[186] Golner M A, Mikhael W B, Krishnang V. Modified jpeg image compression with region-dependent quantization [J]. Circuits, systems and signal processing, 2002, 21 (2): 163.

[187] Ren Z, Gao S, Chia L T, et al. Region-based saliency detection and its application in object recognition [J]. IEEE Transactions on Circuits and Systems for Video Technology, 2013, 24 (5): 769-779.

[188] Jiang H, Wang J, Yuan Z, et al. Salient object detection: A discriminative regional feature integration approach [C]. Proceedings of the IEEE Conference on Computer Vision and Pattern Recognition, 2013: 2083-2090.

[189] Klein D A, Frintrop S. Center-surround divergence of feature statistics for salient object detection [C]. IEEE 2011 International Conference on Computer Vision, 2011: 2214-2219.

[190] Liu Y, Zhang X Y, Bian J W, et al. SAMNet: Stereoscopically attentive multi-scale network for lightweight salient object detection [J]. IEEE Transactions on Image Processing, 2021, 30: 3804-3814.

[191] Li G, Liu Z, Zhang X, et al. Lightweight Salient Object Detection in Optical Remote Sensing Images via Semantic Matching and Edge Alignment [J]. IEEE Transactions on Geoscience and Remote Sensing, 2023.

[192] Gao S H, Tan Y Q, Cheng M M, et al. Highly efficient salient object detection with 100k parameters [C]. European Conference on Computer Vision, 2020: 702-721.

[193] Howard A, Zhmoginov A, Chen L C, et al. Inverted residuals and linear bottlenecks: Mobile networks for classification, detection and segmentation [J]. arXiv, 2018.

[194] Howard A, Sandler M, Chu G, et al. Searching for mobilenetv3 [C]. Proceedings of the IEEE/CVF International Conference on Computer Vision, 2019: 1314-1324.